いばらき原発県民投票
――議会審議を検証する

佐藤　嘉幸・徳田　太郎編

はじめに

　このブックレットは、東海第二原発再稼動の可否をめぐって「いばらき原発県民投票の会」が展開した県民投票運動を振り返ると同時に、茨城県議会における審議状況を検討し、その審議の様々な問題点とそこで展開された「議論」の不条理（一般に議論とは論理的なものを指すのであり、非論理的な「議論」を議論と呼ぶことはできない。従ってここでは一貫して、「議論」にカッコを付した）を批判するために企画された。読者の方々は、これからページを繰るたびに、茨城県議会における審議が民主主義的「議論」の水準に達していないことに唖然とされるに違いない。私たち（以後、この「私たち」は、編者である佐藤嘉幸と徳田太郎を指す）はその点を最大の問題だと考えている。しかし同時に、こうした茨城県議会の姿は、すべての地方議会、国会の似姿である。そこから私たちは、このブックレットを通じて、茨城県民を超えた広汎な読者の方々に、原発再稼動の民主主義的選択に関する問題提起を行いたい。

　いばらき原発県民投票の会の活動は、二〇一八年に発足した「原発県民投票を考える会」の活動を引き継ぐ形で、二〇一九年三月に始まった。会の目的はまったくシンプルなものだ。東海第二原発再稼動をめぐって「原発県民投票」を実現し、その実現過程全体において、県民の東海第二原発再稼動の是非に関する公論を喚起し、県民による熟議を実現しようというものである。その目的は、「話そう 選ぼう いばらきの未来」という会のキャッチフレーズに明確に表現されている。言い換えれば、その理念は、原発の再稼動の可否を代表制の議会に任せるのではなく、県民全体が熟議して意思表示しよう、という合理的かつ民主主義的なものだ。私たちは端的に、この理念を超える政治理念は存在しないと考えている。なぜなら、県民の現在と未来の生活に密接にかかわる「原発再稼動」という問題について、県民自身が熟議し、選択する、という行為こそが、民主主義という政治システムのあるべき理想的な姿であり、それは議会制民主主義を補完する直接民主主義＝住民投票という制度によって完全に実現可能なものである、と考えるからだ。住民による住民の未来の自己決定というシンプルな政治理念を否定する別の政治理念が仮に存在するとすれば、それは民主主義とは呼べないものである、と私たちは考えている。

ここで、本書全体の構成と各章の目的を簡単に示しておきたい。

1「原発県民投票は民主主義をいかにヴァージョンアップさせるか」は佐藤嘉幸が徳田太郎に対して行ったインタビューの記録であり、『週刊読書人』二〇二〇年一月二四日号に掲載され、その後『読書人ウェブ』に掲載された増補版を、修正なくそのまま収録したものである。このインタビューは、県民投票運動の署名収集期間の開始直前に行われたものであり、運動の目的と沿革を簡潔に跡付けるものである。このインタビューによって読者は、署名期間以前の運動の経過や目的を振り返り、最後に付された「署名活動を始めて」によって、署名期間の熱気を感じることができるだろう。

2「請求代表者意見陳述」は、すでに署名期間が終了し、法定署名数の約一・八倍に当たる八万六七〇三筆に及ぶ茨城県民の署名を得て茨城県議会に付託された「東海第二発電所の再稼働の賛否を問う県民投票条例案」の審議過程（二〇二〇年六月）における、「いばらき原発県民投票の会」共同代表（徳田太郎、鵜澤恵一、姜／山﨑咲知子）の議会におけるスピーチを収録したものである。これによって読者は、議会に対する共同代表三人の真摯な声を体感し、運動の真の目的と経過を理解することになるだろう。

3「県民投票フェス vol.9　六月議会を振り返る」は、県議会における県民投票条例案が不条理な審議を経て否決された直後（二〇二〇年七月五日）に開催されたシンポジウムの記録である。シンポジウムには、県民投票の会の関係者のみならず、県議会での審議に参加した県議会議員（山中たい子氏〔日本共産党〕、江尻加那氏〔日本共産党〕、玉造順一氏〔立憲民主党〕――これらの方々は、すべて私たちが提起した県民投票条例案に賛成票を投じた議員であり、条例案に反対した議員の参加を得ることはできなかった。県民投票の会はすべての県議会議員に参加を要請したが、結果として私たちの要請に応じて参加されたのはこれら三人の議員だけだった。この事実をここで特記しておきたい）、住民投票の専門家（吉田勉氏〔常磐大学教授〕）、そして他地域で原発都民・県民投票を提起されたアクティヴィストの方々（中村英一氏〔「原発県民投票静岡」事務局次長〕、鹿野隆行氏〔「みんなで決めよう『原発』国民投票」運営委員長〕）にご参加いただき、今回の県民投票条例案の審議の問題点について議論を展開した。これによって読者は、議会と運動の現場からの生の報告、考察に触れることになるだろう。

4「いばらき原発県民投票条例の県議会審議が露呈した代表制民主主義の諸問題」は、編者二人である徳田太郎、佐藤嘉幸が県議会審議の後（二〇二〇年七月八日）に行った対談の記録であり、『週刊読書人』二〇二〇年八月七日号に掲載され、その後『読書人ウェブ』に掲載された増補版に、県議会議事録の公開後、加筆修正を施したものである。この対談は、県議会審議が露呈した数々の問題点を指摘し、その背後に隠された政治的意味を考察するものである。これによって読者は、県議会における県民投票条例案の審議が、いかに県民の意思を無視し、ある利害集団の利益を貫徹するものであったかを十全に理解することになるだろう。

5「県民投票条例案の否決理由を検証する」は、県民投票条例案の審議で大きな役割を果たした徳田太郎が、その審議過程のカフカ的不条理、矛盾を、議員の言説を引用しながら考察する論考である。これによって読者は、低投票率と多くの無投票当選によって無風状態となった県議会において、いかに県民の意思を無視した非論理的「議論」が展開されているかを、リアルな議員の言説（その内容はしばしば論理的には理解困難なものだ）によって痛感することになるだろう。なお、この審議過程は、以下の茨城県議会の公式サイトにその会議録全文が公開されている（https://www.pref.ibaraki.jp/gikai/outline/r2/joureikeika.htm）。ぜひアクセスして、この議会審議のカフカ的不条理に触れていただきたい。

私がこの文章を執筆している日の四日前、二〇二〇年一一月一五日に、宮城県県知事は女川原発の再稼動に同意した。しかし、この決定過程には大きな疑問が残る。なぜなら、宮城県では二度にわたって女川原発再稼働の可否をめぐる県民投票が提起されたにもかかわらず、宮城県議会は完全にその提起を無視したからだ。一度目は、「女川原発再稼動の是非をみんなで決める県民投票を実現する会」が法定署名数の約三倍にあたる一一万一七四三筆を集めたが、二〇一九年三月に与党自民党、公明党などの反対多数で宮城県議会で否決された。そして二度目は、野党四会派（みやぎ県民の声、共産党、社民党、無所属の会）が県民投票条例案を宮城県議会に上程したにもかかわらず、一切の審議なく即日否決されたのである。これは果たして民主主義に適った正しい議会のあり方なのだろうか。一般的に、議会選挙において原発再稼動は主要な争点にならないため（選挙の際にはなぜか、再稼動に賛成の会派も原発再稼動の是非について一切の争点化を避けるからだ）、そうした間接民主主義の盲点は、直接民主主義の直接請求、住民投票によって補完されるべきである。また、そうした住民投票は、必ず住民による問題点の学習と熟議を伴うべきであり、かつ実際に住民投票が行われれば、そのような熟議が実現されるのである。にもかかわらず、議会と県知事は住民投票の提起を否定したばかりでなく、最終的な再稼動判断を自分たちだけで独善的に行った。まず、立地自治体である女川町の商工会が出した再稼動を求める請願を宮城県議会が可決し、その後、原発立地自治体の首長である女川町長、石巻市長と、県知事が協議して、再稼動への「地元同意」を宣言したのである。しかし、これらはすべて県民投票の提起を無視した上で、一部の利益集団、一部の自治体の利害のみに基づいて行われた決定である。県民の意思を問う機会を奪っておいて、一部の利益集団によってのみ再稼動を決定するとすれば、これは民主主義の否定でなくて何であろうか。女川原発は東海第二原発と同じく二〇一一年三月一一日の東日本大震災によって被災した原発であり、かつ、その再稼動に関する住民投票の提起を茨城県議会と同じく宮城県議会が否決した、という点で、原発再稼動をめぐる宮城県の状況は茨城県の状況とよく似ている。そうした意味からも、私たちは宮城県による民意の無視を決して看過することはできない。

再稼動した原発で過酷事故が起きた場合には立地自治体にとどまらず、県域をも超えた広範な被害をもたらす可能性が高いため、原発再稼動判断に際して私たちは、最低でも県民レベルでの再稼動をめぐる熟議と投票、すなわち県民投票が実施されるべきだと考えている。そのような当然の民主主義的要求が実現され得ないという状況について、私たちは茨城県で運動を展開した立場から、茨城県と県議会に対して最大限の抗議を表明したい。

私たちの運動に折に触れて適切なアドヴァイスを下さった、宮城県、新潟県、静岡県、東京都、大阪市、沖縄県など他自治体の住民投票運動には、ここで感謝と同時に連帯の意思を表明しておきたい。本ブックレットが、いばらき原発県民投票運動ととりわけその県議会での「議論」を再考する一助となると同時に、今後も他地域で続くであろう原発住民投票運動、さらにはその他の住民投票運動の参考になれば、編者としてこれほど幸いなことはない。

最後になったが、本書に収録された二つの記事(インタビュー、対談)を『週刊読書人』に掲載いただき、本ブックレットの制作でもお世話になった読書人の明石健五さん、本ブックレットの編集作業にご尽力いただいた読書人の田中拓真さんに感謝する。本書を、原発問題と民主主義に関心を持つすべての市民の方々に捧げたい。

二〇二〇年一一月一五日　佐藤嘉幸

1　原発県民投票は民主主義をいかにヴァージョンアップさせるか

徳田太郎インタビュー（聞き手＝佐藤嘉幸）

二〇一一年に起きた福島第一原発事故後、国内では原発稼働ゼロの時期が続いたが、二〇一五年の九州電力川内原発の再稼働を皮切りにして、現在六基が稼働中である。そんな中、原発を再稼働するかどうかを県民投票で直接問おうという動きが出ている。「いばらき原発県民投票の会」（https://ibarakitohyo.net/）共同代表・徳田太郎氏にお話を伺った（聞き手＝佐藤嘉幸・筑波大学准教授）。

（『週刊読書人』編集部）

いばらき原発県民投票運動の沿革と現状

佐藤　「いばらき原発県民投票の会」は、首都圏唯一の原発である東海第二原発（茨城県東海村）の再稼動の是非について、県民投票を提起する運動体です。東海第二原発は東京から一一〇キロに位置し、周辺三〇キロ圏内の人口は、県庁所在地である水戸市を含む約九四万人で、全国の原発中最多です。東海第二原発は一九七八年に運転を開始し、二〇一一年に地震、津波で被災して以後は運転を停止しています。しかし、運転開始から四〇年後の二〇一八年、原子力規制委員会は二〇年の運転延長を認可しました。一般的には原子炉の寿命は四〇年とされていますが、それを二〇年も上回る二〇三八年までの運転延長が予定され、しかも被災原発が再稼働される。この点の是非をめぐる県民投票の実施が運動の焦点になっています。東海第二原発は首都圏唯一の原発であり、その再稼動は首都圏全体にも影響する大きな問題です。まず、運動の沿革についてお聞かせください。

徳田　まず全国的な動きですが、やはり東日本大震災および福島第一原発事故が大きな転機でした。二〇一一年六月、原発稼働の是非に関する国民投票の実現を目指す市民グループ「みんなで決めよう『原発』国民投票」が発足しました。その流れを受けて翌年、大都市である東京都、大阪市で、また原発立地県である静岡県、新潟県で、原発再稼働をめぐる住民投票を求める直接請求が行われました。二〇一九年には、宮城県でも同趣旨の直接請求が行われました（いずれも議会が否決）。

住民投票自体が、原発をめぐる問題と密接にリンクしてきたという側面もあります。一九八二年七月、高知県窪川町（現四万十町）で、日本初の住民投票条例が制定されましたが、これは原発設置の賛否を問うものでした（最終的には、住民投票を実施することなく原発設置を断念）。一九九六年八月には、新潟県巻町（現新潟市）で、条例に基づく初の住民投票が行われましたが、これも原発設置の是非を問うものでした（投票結果を受けて原発設置は撤回）。

茨城県でも二〇一一年以降、原発再稼動をめぐる住民投票の動きがありましたが、それが本格化するのは二〇一八年四月です。静岡県での直接請求の関係者を招いて学習会を行い、参加者を中心に「原発県民投票を考える会」が発足しました。同年には原子力規制委員会による再稼働認可があり、二〇一九年二月には日本原電が再稼働の意思を表明する。そうした動きを前に県民投票の必要性が高まり、三月に「考える会」を発展的に解消して「いばらき原発県民投票の会」が発足した。以上が経緯になります。

佐藤　この運動は単体で始まったのではなく、原発国民投票の運動や、他県で行われた原発県民投票の運動が背景としてあったということですね。また茨城県の運動は、これらの運動体と様々な形で交流がありますね。

徳田　アドバイスをいただいたり、お互いのイベントに参加する形で交流を深めています。

佐藤　いばらき原発県民投票の会は、どのような理念に基づいて活動しているのでしょうか。

徳田　理念が最もよく表われているのが、「話そう選ぼう いばらきの未来」という会のキャッチフレーズです。最終的な目標は、直接請求によって、東海第二原発の再稼働に関する県民投票が実施されること、そしてその時に、県民一人ひとりが自分自身の意思を表明できるようにすることです。再稼働には周辺六市村と茨城県の同意が必要ですが、民意に支えられた形でその是非を意思決定するためには県民投票が必要である、というのが私たちの主張です。

県民投票が実施されると、有権者全員が参加できることになりますから、多数の民意が包摂、反映されます。また、推進／反対を問わず、多様な立場から出される情報に基づいて、県民一人ひとりが考え、話し合う。そうした熟慮と討議を重ねた上で賛否の判断を行い、個々の選択を表明することができる。その結果、練られた民意が得られると考えています。

県民投票以外の方法もあるのではないか、という意見もあります。例えば住民アンケートです。しかしアンケートは、無作為抽出された一部の県民に限られ、かつ各人が記入して返送するだけですから、多様な情報の中で民意を練り上げていく過程がない。また、知事や議会に任せるべきであるという意見もあります。けれども、知事や多くの議員は、選挙の際、再稼働に対する賛否を明らかにしていません。仮に表明していたとしても、選挙は「政策のパッケージ」で争われるため、有権者が東海第二原発の再稼働に関して判断を委ねたとまでは言えません。

県民投票は「東海第二原発の再稼働」という一点に絞って、県民一人ひとりが考えて一票を投じる。そして、その結果が知事の意思表示に反映されて、初めて「県」としての同意／不同意になる。私たちはそう考えて、県民投票の実現を目指しているのです。

私たちの運動は県民投票の実施自体がゴールですから、反原発／脱原発の運動体でも、原発推進の運動体でもありません。あくまでも県民が意思を表明する機会を設けることに焦点を当てています。だから、再稼働に賛成／反対、あるいは関心の高い／低いにかかわらず、誰もが関わることができるものにしていきたい。また様々な活動をしている団体ともゆるやかに繋がっていく。それによって直接投票という民主主義の共通体験が得られる。私たちの運動が、そのプラットフォームになれればいい。そのように考えて活動しています。

佐藤　重要なポイントとして、この運動が純粋な草の根の市民運動から出発している、という点があります。同時に、そのことに由来する難しさもあると思います。

徳田　党派的な運動であれば組織的基盤がありますから、多くの方が一気に動くことができます。私たちはまったくそれがないところから出発していますから、運動が広がるには時間がかかります。また、著名人が中心の運動でもありませんので、メディアで大きく報道されることもありません。その点は苦労してきました。ただ、特定の団体とだけがっちり手を組むこともないからこそ、すべての政党、多くの団体に協力のお願いができる。そこは強みでもあります。

佐藤　次に、運動の現状についてお伺いできますか。

徳田　私たちの運動は、「話そう 選ぼう いばらきの未来」というキャッチフレーズに表れているように、単純に投票することだけが目標ではありません。そこに至る、みんなが考え、話し合う過程を重視しています。具体的には「県民投票カフェ」を積極的に開催しています。これは、東海第二原発の再稼働について、あるいは県民投票自体についてどう考えるか、お互いの意見を述べ、聞き合う場であり、二〇一八年四月からスタートしました。一一月三〇日までに、茨城県内の四四市町村のうち三六市町村で、計六五回カフェを開催し、八五〇名以上の方に参加いただいています。茨城県の全市町村での開催を目指しています。

七月には、「県民投票フェス」という形で、県内の鉄道主要九駅でシール投票を行いました。「再稼働の可否の判断に、どう県民の意思を反映するか?」をテーマにして、知事や議会に任せるか、県民投票を実施するかの二択で投票してもらい、計一三七九名に参加いただきました。こちらも単にシールを貼るだけではなく、言葉を交わすきっかけになって欲しいという意味も込めて開催しています。

佐藤　フェスは一二月一日にも行われましたね。

徳田　三回目となる一二月のフェスは、オンラインで行い、朝の九時から夜の九時まで、十一番組を生放送し、参加者と双方向的に対話しました。県民投票カフェはリアルな場ですが、そこに来られない方も大勢いますし、オンラインならば県外、国外にいる方たちにも参加いただける。一日だけで千名以上の方が参加されました。YouTubeで動画が公開されています（https://www.youtube.com/channel/UCU0bbyag_M9aTl94saZ1XUw）。

佐藤　私も「対話を可能にするために――原子力話法／脱原発話法を超えて」という番組で、茨城大学の渋谷敦司先生、徳田さんとお話しさせていただきました。

いばらき原発県民投票運動と熟議民主主義

佐藤　カフェやフェスでの議論を通じて、有権者からどういった声が聞かれますか。

徳田　再稼働と県民投票の実施という二点に焦点を当てて対話しているので、それによって多様な意見を聞くことができたと感じています。まず再稼働については、東日本大震災時の経験から話が始まることが多いですね。例えば、手塩にかけた農作物に出荷制限がかかってしまい苦しい思いをした。あるいは当時、道路や橋が通行止めになったことを考えれば、三〇キロ圏内の市町村で策定している避難計画が果たして実効性のあるものになるのか、と強い疑念を示される方も多いですね。茨城県は福島県の隣県で、福島県から避難してきた方もいらっしゃいますので、その時の体験を伺うこともあります。

佐藤　シール投票の結果は、どのようなものだったでしょうか。

徳田　七月のフェスでは、九四％の方が「県民投票を実施したい」という意思表示をされました。ただ、一つの側に圧倒的にシールが貼られている場合、逆側に貼りにくいという心理も働いてしまうでしょうし、そこは単純に捉えられないところもあります。

一方、カフェにいらした方の意見を伺っていると、また違った面も見えてきます。長らく原発問題に向き合っていた方にも多くご参加いただいていますが、その中には、県民投票の実施には「慎重」あるいは「反対」だという方もいらっしゃいます。つまり、再稼働を止める手段として県民投票が有効な手段となり得るのか、他にやるべきことがあるのではないか、ということです。これは特に、東海第二原発の三〇キロ圏内にお住いの方に見られる意見です。再稼働については、三〇キロ圏内の六市村の各首長が同意／不同意の権限を持っていますから、県民投票に限らず様々な活動が考えられるわけです。また、仮に投票が実現しても、投票率が極めて低かったり、「再稼働賛成」が多数になることもあり得ます。「再稼働反対」の立場から、その懸念が拭えず、県民投票に慎重になる方もいらっしゃると思います。

ただ、特に若い世代や女性の参加者からは、「反対運動ではないから参加しやすい、声をかけやすい」という意見も多く聞かれます。今まで東海第二原発について考えたことがない、もしくは関心はあるが詳しく知らなかった、という層にとって、考える機会になったということで、この運動が好意的に捉えられているのだろうと思います。

佐藤　県民投票実施に向けて、カフェやシール投票といった実践を通して、熟議を重ねていく。それが、これからの民主主義にどういった新しい可能性をもたらすことができるのか。運動の現場から見た意見をお聞かせください。

徳田　近年、民主主義の危機や機能不全といった議論が高まっていますが、処方箋はいろいろあると思います。その中の一つが、熟議民主主義です。カフェを継続開催していくことで、県民一人ひとりがじっくり考える。そして他の人と意見を交わす中で、悩みながらも自分自身の意見を固めていき、最終的に一票を投じる。私たちの運動は、そういう熟議民主主義の一つの実践としても捉えられるのかな、と感じています。

特に、実際に県民投票が実施されることになれば、多様な観点に触れられることになります。県や各種機関・団体から様々な情報提供が行われ、その情報に基づいて、私たち一人ひとりが考えていくことになる。ここが非常に重要なポイントになると思います。直接投票というと、投票の瞬間のみに光が当たりがちですが、私たちはむしろ投票に至るプロセスを重視しています。もともと熟議民主主義論は、多数決型の民主主義論への批判から生まれてきたものですが、熟議と投票を対立的に捉えるのではなく、最適な組み合わせを考えることが重要なのだと思います。

佐藤　熟議民主主義論は、議論以前の知識形成、議論による政治的な公論形成のプロセスを含めて住民投票を捉えています。だからこそ、この運動ではカフェでの対話実践を重視しているわけですね。

もう一つお話ししたいのが、直接民主主義か間接民主主義かという論点についてです。興味深い数字があります。二〇一八年の茨城県議会議員選挙の際、東京新聞が候補者九二人に、東海第二原発再稼働の是非についてアンケートしたところ、「賛成ゼロ／反対二七／どちらとも言えない・無回答六五人」という結果が出ました。重要なのは、県議会で多数派を占め、原発を「重要なベースロード電源」とする自民党の候補者が全員「どちらとも言えない」を選択し、その理由も「当局が慎重に判断するのを注視する」とまったく同じ回答だった、という点です（「県議会候補者92人アンケート（1）」、東京新聞、二〇一八年一二月四日）。これを見ると、ある種の「争点隠し」が行われており、原発再稼働という重要な問題について本当に選挙を通じて議論が行われたのか、あるいは民意が反映されているのか、という疑念が湧いてきます。

徳田　代表制＝間接制民主主義の場合、候補者が争点を明確にした上で投票に至るのが当然です。しかし、今ご紹介いただいた結果を見ると、原発再稼働については争点がよくわからないまま投票が行われている。今回県民投票が実現すると、再稼働に賛成か反対かの二択ですから、争点が明確になります。また、それを受けて各自が選択をするわけですから、ある意味で、候補者ではなく選択肢が代表機能を果たすとも言えます。

佐藤　間接民主主義は選挙に依拠したシステムですが、特に原発問題については選挙で民意がうまく掬い取られていない。あるいは、論点が提示されてすらいない。それが国政、地方政治に共通する現状です。そこから、間接民主主義がうまく機能していない部分を住民投票が補完していく、という関係性が成立するのではないでしょうか。

徳田　熟議と投票の関係と同様に、直接制と間接制も、対立的に考えるのではなく、お互いに補い合うものとして捉えたほうがよいのではないかと思いますね。

署名集めは二〇二〇年一月から開始

佐藤　最後に、今後の展望についてお聞きします。大井川和彦茨城県知事は、東海第二原発の再稼働について、県民の意見を聞きながら判断していく、と常々発言しています。これは住民投票に前向きとも取れる発言ですね。

徳田　大井川知事は、二〇一八年九月の報道各社インタビューで、次のように答えています。「東海第二の再稼働については、常に言っている通り県民の意見を聞きながら最終的に判断していく。［……］住民投票も選択肢の一つに入ってくると思う」。また茨城大学の渋谷敦司先生らによる二〇一八年一二月の調査では、「同意」判断に当たって住民の意向を確認するための手段として、三七・一％が基礎自治体単位の住民投票を、二四・三％が県民投票の実施を選んでいます。つまり、住民の側も六割以上が、直接投票が望ましいと考えている。そうした観点からも、県民投票の実現に向けて努力していきたい。

具体的に、今後の予定をお話しします。県民投票を実現するには、条例の制定を直接請求するための署名が必要です。茨城県の場合は約五万筆集めなければなりません。署名集めの期間は法律上二ヵ月間で、選挙と重なる自治体では期間がずれますが、基本的に一月六日から三月六日までを予定しています（このインタビューが掲載される二〇二〇年一月二四日時点で、署名集めはすでに始まっています）。その後、四月中旬の署名簿提出、五月下旬の直接請求を経て、六月に開かれる県議会での審議可決を目指しています。議会で可決されれば県民投票条例が制定され、県民投票が実施できる。これが大きな流れになります。

条例に基づく住民投票は、直接請求の署名が集まっても、議会が否決し、実現できないケースも多くあります。都道府県レベルで実現したのは、沖縄県での二回のみです。しかし、だからといって不可能なわけではない。困難だからこそやる価値がある。振り返れば今から百年前、日本では普通選挙を求める運動が盛り上がっていました。世界的に見ても、女性参政権の運動が繰り広げられていた時期です。二一世紀の今、茨城から日本のデモクラシーをヴァージョンアップしていく。その貴重な機会に、ぜひ多くの方にご参加いただきたいと思います。

（二〇一九年一二月七日、東京・神田神保町、読書人編集部にて）

＊署名活動を始めて（徳田太郎）

一月六日、法定書類の交付を受け、署名集めがスタートしました。この日までに、県民投票カフェの実施は三九市町村・七一回となり、九三四名の方にご参加いただきました。また、受任者（署名集めの協力者）は目標の三五〇〇名を超え、各地での「受任者の集い」も、五六回を数えるに至りました。

最初の週末となった一月一一日、一二日には、「県民投票キャラバン」と称し、県内十二箇所で署名説明会と街頭署名を実施しました。私も四会場を担当したのですが、それぞれの地域で知恵と力を出し合うグループができつつあり、地域の方々の地道な取り組みに支えられた運動であること、そしてこの運動をきっかけに、地域の中で世代や背景を超えた新たなつながりが育まれていることを実感しました。

しばしば、住民投票とポピュリズムとを結びつけた批判を耳にします。ポピュリズム自体、極めて多義的・論争的な概念ですが、その根本には多様性を認めない反多元主義、二元論的思考があります。しかし、直接請求という「下からの」住民投票運動の場合、実際の様相はまったく異なっています。なぜ再稼働なのか、なぜ県民投票なのか。例えば路上において、一枚の署名用紙を挟んで、これらの問いが何度も問い直され、さまざまな思いや考えが交差し、豊かな言葉が紡ぎ出されている。〈熟議〉を中核的な価値とし、〈プロセス〉を重視することで、まったく新しいデモクラシーが形づくられようとしているのを、肌で感じているところです。

この熟議プロセスは、県民投票の実施が決まったならば、より本格的な、そしてより充実したものとなるはずです。その意味でも、必ず実現したい。まだ見たことのない、新しい景色を見てみたい。署名ができるのは茨城県内の有権者に限られますが、全国のみなさまからも、資金面での支えをいただけましたら幸いです。クラウドファンディングもスタートしました（https://readyfor.jp/projects/ibarakitohyo）。ぜひお力添えをお願いいたします。

（『週刊読書人』二〇二〇年一月二四日号、『読書人ウェブ』に掲載）

2　請求代表者意見陳述

茨城県議会定例会、二〇二〇年六月八日
請求代表者意見陳述　徳田太郎

いばらき原発県民投票の会共同代表の徳田太郎です。

八万六七〇三名の茨城県条例制定請求者を代表して意見を申し上げます。

まずは、本会議場での意見陳述の機会を設けてくださいました森田悦男議長を始め全ての議員の皆様、議会事務局の皆様に御礼申し上げます。

また、大井川和彦知事を初め今日に至るまでの手続きを進めてくださいました原子力安全対策課、市町村課など執行部の皆様、県内四四市町村の選挙管理委員会の皆様にも御礼申し上げます。

一年近くに及ぶ準備期間を経て、本年一月六日、直接請求のための署名収集を開始いたしました。

折しも、一年で最も寒い季節、山合いの集落への道を、砂が舞う海岸の道を、冬枯れた田畑の間の道を、あるいは、みぞれ降る住宅地の道を、事前に登録いただいた三五五五名の受任者がそれぞれ署名簿を手に歩き始めました。

署名は、一人一人が請求代表者、あるいは受任者と対面で、自筆により、氏名、住所、生年月日を記し、そして、捺印する必要があります。これは、個人情報の保護が叫ばれる中、大きな困難を伴うものでした。

それでも多くの方に趣旨を御理解いただき、受任者の輪も広がりつつあった二月、国内での新型コロナウイルス感染症の拡大という新たな困難が私たちの目の前に立ちはだかりました。感染予防に努めながら、いかに署名収集を継続するか、何度も議論を重ね、独自のルールを周知し、徹底した対策を講じることで、四月一二日、全四四市町村での署名収集を終えることができました。

冒頭、「八万六七〇三名の茨城県条例制定請求者を代表して」と申し上げました。しかしながら、このように署名収集活動に制約が課せられたことで、あるいは、請求代表者の力不足により、署名の意思をお持ちのかた全てに期間内に署名簿をお届けすることはかないませんでした。それは、五月になってもなお、お問い合わせが続いていたことからも明らかです。

八六七〇三という数字ではあらわせない多くの県民の思いをこの議場にしっかりと届けることが本日の私の役目と考えております。

さて、今回御審議いただくのは県民投票条例案です。繰り返します。県民投票に関する条例案です。なぜ当然のことを繰り返すのかといぶかしくお思いの方も多いでしょう。しかしながら、これは極めて重要なことであると考えます。

今回御審議いただくのは、東海第二発電所の再稼働に関し、県としての判断を行うに先立って、主権者である県民の声を聞く手段として、県民投票を行うか否か、行うとしたら、どのように実施するのか、この点に尽きるのです。すなわち、ここで問われているのは東海第二発電所の再稼働そのものではありません。いわんや、原子力政策でもなければエネルギー政策でもありません。政策の内容ではなく、いかにして民意をはかるのかという政策決定の過程、プロセスを問う議案となっております。

主権者である県民の意思を把握するための手段として、県民投票を行うことが望ましいのか否か。望ましいとしたら、それはどのような方法で行われるべきなのか。

この観点から、以下、代表的な三つの論点に関し意見を申し上げます。すなわち、県民投票と二元代表制との関係について、投票前の情報提供と冷静な議論の実現について、そして、県民投票の実現に要する費用についての三点です。

一つ目は、住民投票は二元代表制を否定するものであるという論点です。つまり、選挙された代表者こそが県民の意思をあらわすものであるという考え方です。確かに、私たちがよって立つ制度としての民主主義は代議制に基礎を置いております。しかし、そのことは、個々の議員が全ての県民の全ての意思について委任を得ているということを意味しているのでしょうか。

人を選ぶ選挙は、政策のパッケージ、さらには、判断力や行動力、人柄といった多面的な評価基準のもとで争われるものです。選挙結果を個々の争点の、特に選挙時において明確になっていない争点への意思を完全に反映したものであるとすることは困難です。だからこそ、場合によっては、直接的に事を問う、つまり、住民投票などの手段によって補完することが法的にも制度的にも期待されているのだと言えます。

さらに、代議制という語の本来の意味に立ち返るならば、議員の皆様には、何よりも、代わりに議論することに大きな期待が寄せられているということになります。仮に、自由闊達な、そして、徹底した議論が行われないようなことがあるならば、それこそが代表制の否定となってしまうのではないでしょうか。

県民投票を実施するに当たっては、それに先立って論点を明確にすることが必要となります。これは、まさに議会に期待される機能であると言えるでしょう。

また、投票結果が法的な拘束力を持たない以上、その結果を踏まえ、的確な政策判断へと練り上げていくにおいても、議会が重要な役割を果たすこととなります。県民投票は、代議制を否定するものでも代替するものでもありません。むしろ、県民投票があることによって議会の存在が輝きを増すのです。

二つ目は、複雑かつ高度な問題は住民投票にはなじまないという論点です。感情や雰囲気に流されたり、あるいは、よくわからないけれども何となくといった投票行動がなされたりした場合、それは正しい判断を導き得るのだろうかという疑問です。もちろん、そのような状態を招くことは防がなければなりません。

私たちは、県民投票を、投票のその瞬間だけを指すものとは捉えておりません。投票箱に一票が投じられるまでのプロセスの総体を県民投票として考えております。各方面から十分かつ正確な情報が提供されること、一人一人が熟慮し、また、さまざまな人と討議する場と機会が確保されることが極めて重要です。だからこそ条例案では、投票の期日を条例の制定から何日以内などの形で規定してはおりません。安全性の検証や避難計画の策定に時間を要することはもちろんですが、それだけでなく、論点の整理、情報の提供、そして、それに基づく冷静な議論、これらを経て、県民一人一人が十分に理解を深めた上での投票を実現するためにこのような御提案をしている次第です。

プロセスとしての県民投票は、練られた民意を得ることを可能とします。これは、個別に質問に回答するだけのアンケート調査ではなし得ないことです。アンケートの方法が、県民の一部ではなく、全ての県民を対象としたものであったとしても、熟議を伴わない以上、同じことです。複雑かつ高度な問題であるからこそ、県民投票プロセスを経ることが望ましいものと考えております。

なお、プロセスを充実させる方法は多数考えられます。諸外国には、以下のような実践例があります。それは、無作為抽出の住民によって自治体の縮図としての会議体をつくり、公正な資料に基づく討議と専門家への質疑を経て、意見の分布を得る。そして、その結果を、理由とともにわかりやすく、かつ簡潔にまとめて全ての有権者に提供する。それを検討資料の一つとして一人一人が投票に臨むという方法です。このような手法を導入することは極めて有効であると思われます。

知事の御意見には、意見を聞く方法については、本条例案の県民投票を含め、さまざまな方法があることから、慎重に検討していく必要があるとございました。県民投票を選択するということは、決してその他の手法を排除することではありません。先ほどの事例のように、複数の手法を組み合わせることによって、より練られた民意を得ることが可能となります。

そして、繰り返しとなりますが、このようなプロセスを充実させるためには、その準備も含め、十分な期間を確保することが必要となります。方法の検討に年月を費やした結果、実際に意見を聞くプロセスに充てる時間が限られてしまっては本末転倒となってしまいます。

議員の皆様には、ぜひこの機会に、練られた民意を得るためのプロセスをいかに充実させるか、県民投票を軸に、その方策を御検討いただきますことを願ってやみません。

なお、細かい点となりますが、知事の御意見には、執行上の課題に関する御指摘もございました。条例案第三条及び第十九条に規定しておりますとおり、開票事務の主体は知事とし、第十七条における「開票を行い」の五字を削除することによって条文間の矛盾は解消できるものと思われます。

この点につきましては、ぜひ修正案を御議論いただけましたら幸いです。

そして、三つ目は、住民投票の実施には多額の費用がかかるという論点です。確かに、県民投票の予算規模は億単位となることが想定されます。しかし、これは、実施の時期や方法によって削減することが可能です。例えば、今後予定されている県知事選挙などの選挙と同日に実施した場合、かなりの額を削減することができるものと思われます。

さらに言えば、これは本当にコストなのでしょうか。自治の担い手として私たち県民が成長するための貴重な投資としても捉えることができるのではないでしょうか。

地方自治の本旨、すなわち、原理原則は、一般的に団体自治と住民自治の二つだと言われています。団体自治とは、それぞれの自治体の意思と責任のもとで自治が行われるということです。茨城県のことは茨城県で、国や民間企業から独立して、自主的・自律的に判断して行動する。東海第二発電所の再稼働に当たって、茨城県の同意が必要であるとされているのは、この理念に照らしても正当な権利であると言えます。

そして、もう一つの住民自治とは、それぞれの自治体の住民の意思に基づいて自治が行われるということです。県民投票プロセスを通じて、私たち県民一人一人が考え、話し合い、自分自身の選択を一票として投じる。そして、その結果をもとに再稼働の可否を判断する。これこそ住民自治の理念の具現化であると言えるでしょう。

英国の歴史家ジェームズ・ブライスは、「民主主義の最良の学校、そして、その成功のための最良の保証は地方自治の実践である」と述べました。東海第二発電所の再稼働は、社会的にも経済的にも、私たちの生活に、そして、茨城の未来に大きな影響を及ぼす事柄です。これについて、ともに考え、お互いに理由を検討し合い、悩みながらも選択し、自分の意思を固めてそれを表明する。そして、その結果をともに引き受ける。県民投票の予算は、そのような民主主義の最良の学校をつくるための確かな投資として捉えていただければと思います。

「話そう 選ぼう いばらきの未来」。受任者募集の段階、そして、署名収集の段階で私たちが幾度となく繰り返したフレーズです。県民投票プロセス、すなわち、民主主義の最良の学校を建設する道のりは既に始まっています。例えば、受任者募集の段階で実施した県民投票カフェ、これは、東海第二発電所の再稼働について、あるいは、県民投票自体について、お互いの意見を聞き合う場でした。九ヵ月の間に計七五回開催し、一般参加者だけでも九八一名、運営側の参加者も含めると延べ一二四〇名が対話の輪に加わりました。

そして、署名収集の段階ではさらに多くの人がこの「話そう 選ぼう いばらきの未来」というフレーズを口にするようになりました。例えば、八〇年間生きてきて、この署名集めは、本当に自分からこれは大切なことだと思えたのだ。誰に頼まれたわけでもないから楽しくて仕方ないと言って集落への長い坂道をゆっくりと歩いていったおじいさん。例えば、育児と家事の合間を縫って、かじかむ指先で、毎日、何十軒ものインターフォンを押し、説明をし、質問に答え続けた若いお母さん。例えば、体を芯から凍らせる冷たい風に吹かれながら、それでも立ちどまってくれる人がいるからやめられないよねと駅前に立ち続けた仲間たち。そういう一人一人の小さな、しかし、確かな取り組みが連日積み重ねられていきました。

このような取り組みのもと、署名用紙を挟んでたくさんの言葉が交わされました。再稼働に賛成・容認という声もありました。慎重・反対という声もありました。そして、もちろん、これからしっかりと考えたいという声もたくさんありました。

しかし、自分たちが意思表示をする機会としての県民投票の実施というその一点において賛同するということで多くの人が署名簿に名前を連ねていったのです。そして、署名期間の終盤では、来てくれてありがとう、署名できるのを待っていたのだという声を聞くことも多くなりました。多くの県民が、茨城の未来をもっと考えたい、ともに話し合いたい、私も選びたいと待っているのです。

民主主義の学校づくりのバトンは、ここで一旦、県議会の皆様にお渡しすることになります。幕末の水戸藩に創立された、当時、我が国最大規模の学びの場であった弘道館、その建学の精神を宣言した弘道館記には、「偏党ある無く、衆思を集め、群力を宣べ」とあります。党派に偏ることなく、徹底した議論により知恵を集め、それを力とすることで、バトンをしっかりと県内二四三万人の有権者へとつないでくださることを心よりお願い申し上げます。以上で、八万六七〇三名の茨城県条例制定請求者を代表しての意見陳述を終わります。

ありがとうございました。

防災環境産業委員会総務企画委員会連合審査会、
二〇二〇年六月一八日
意見陳述に係る補足意見　鵜澤恵一

いばらき原発県民投票の会・請求代表者の一人、鵜澤恵一と申します。ひたちなか市民で、水戸市で会社員をしております。

本日は、発言の機会をいただき、ありがとうございます。少しだけお時間をいただいて、私が県民投票の活動に加わるようになったきっかけなどをお話ししたいと思っております。

ここ数十年で世の中は実感として大きく変わりました。特に東日本大震災以降、私には危機感が募っております。

それは、この国の物事の決め方についてです。大事なことなのに、きちんと議論されることなく決まっていってしまうという現実です。それは、国の最高機関である国会の様子を見ていてもそう感じます。異なる意見を持つ者同士がまともに議論することなく、ただ予定していた主張を繰り返すだけで、何の歩み寄りもなく、私たちの思いとはかけ離れたことを決めていってしまう。それはあらゆる場面で見かけて、枚挙にいとまがありません。残念ですが、それが現実だと思っております。

私は大学生と高校生の父親です。子どもたちに少しでもよい社会を残したい。そんな社会の形は何なのか、そして、どうすれば実現できるのか、そういったことが私の市民活動の原動力となっているのです。きれいごとだけで済ますわけにはいかないのです。それは、子どもを育てる親という言いわけがきかない当事者だからです。

さて、東海第二発電所に関しては、茨城県民全員が当事者です。ですから、みんなで考えるべきだし、みんなで意思を表示する権利があると思います。まさに県民投票の趣旨はそこにあると思います。意思を表示し、それらをもとに、議員の皆様に託したいと思っております。

県民投票の活動として、子どもたちに残すべき社会の形、それは、さまざまな意見を出し合い、共通の着地点を見出せる社会であると思うようになりました。さまざまな意見を持つ人たちが暮らす中で、お互いを尊重しつつ熟議して、時には妥協し、現時点での最大公約数は何なのか、きちんと答えを出していける社会です。

東海第二発電所の再稼働問題が決着した後も、きっと新たな問題が起こってくると思います。そのときも、どういう意見を持つ人たちであれ、ちゃんと向き合い議論して、合意していける茨城県民、そうなっているために、この県民投票を実現したいと願っています。

今の私は、再稼働賛成派でも反対派でもなく、県民投票派です。

私は、請求代表者として、署名期間中、何軒ものお宅を訪問させていただきました。趣旨を理解していただくためには、とても丁寧な説明が必要で、とても時間がかかるものでした。でも、その時間はとても貴重だったと思っております。時には小一時間も話し込んだこともありました。初めは否定的だったけれども、話し合っていくうちに、ぜひ署名させてくれという方も少なくありませんでした。

署名してもらった人たちは、いろいろな思いを持つ人たちでしたが、何とか自分たちの意思を県民投票であらわしたいという点で共通していました。しかも署名に応じてもらえる割合は予想を超えるものでした。

こうやって集めた八万六七〇三名の方々の思い、署名を集めてみて、改めて、その重さを感じております。

第二発電所の再稼働は、自分たちの暮らしに直結しております。しかし、タブーとされ、話せなかったという多くの人たちの思い、その積み重ねを強く感じます。

県民投票にはさまざまなリスクや心配が伴うのは承知しております。十分考えないで投票する人たちがいるのではないか、お金がかかり過ぎるのではないかなどです。しかし、その心配で県民投票はやらないというのではなく、考えられるリスクをできるだけ小さくして、ぜひ県民投票を実現してほしいです。

八万六七〇三人の署名者、そして、三五五五人どころではない多くの受任者の人たち、そして、その背後にいる、お会いできずにいる多くの人々。

戸別訪問を繰り返した実感では、どこの町でも、おおむね二人に一人は署名してくださいました。署名を一筆集めるごとに、その人にとって大切なものを一つずつ預かって背負う気持ちがあります。なので、署名を集めた後、その思いはどんどん大きくなっていきました。

そして、その人たちの思いは、パブリックコメントやアンケートでは十分受けとめられないのではないかと私は思うのです。

特にパブリックコメントでは、議論をせずに、論点を正確に県民が把握することが難しい中で、出された意見は、極端な意見や的外れな意見にとどまってしまう可能性が高く、ましてやテーマに関する情報がない。多数派の方々の意見は到底酌み取れないと思われます。

また、アンケートについても、一般的には単なる調査という趣旨が強いもので、私たちの意思表示の手段として、県民投票のように重みのあるものとは思えません。やはり、条例に基づいて実施される県民投票こそ、民意が反映されるものと考えます。

この声を県政に届けたいという県民の思いとか願いは、今や議員さん皆様の手中にあるのです。きょう、これから審議していただくのですけれども、より明確に民意を酌み取る方法としての県民投票、そこに焦点を当てて、熟議をいただきたいと強く思います。そして、県民投票実現に向け、議会の皆様に県民の後押しをしていただきたく思っております。

御清聴ありがとうございました。

意見陳述に係る補足意見　山﨑(姜)咲知子

石岡市在住の山﨑咲知子です。請求代表者の一人としてお話しさせていただきます。

先ほど鵜澤からもありましたが、私も署名期間に県内各地で戸別訪問をしました。東海村でのことです。

原子力発電所がある地域で、デリケートな問題に対して、言葉に詰まる方もいるだろうと想像していましたが、一軒のお宅で庭仕事をされていた老婦人にお声がけをしたところ、手をとめて私の話を聞いてくださいました。そのとき私はその方から、原発とともに生きてきた中で感じていることをお聞きして、自分がこれまで、原発がある村で暮らす人たち、働く人たちの葛藤をしっかり想像できていなかったことを突きつけられました。それでも、だからこそ、県民一人一人が学び考えるチャンスをつくるために、この県民投票を実現したいのですと丁寧に説明をし続けると、その方は庭に招き入れてくださり、縁側に座って署名をしてくださいました。

八万六七〇三筆、この一筆一筆にこうしたエピソードがあります。重ねられた対話があります。

県民投票プロセスは、民主主義の最良の学校を建設する道のりであると、本会議での意見陳述で徳田が述べていたこの言葉は、署名期間中だけでなく、受任者集めのために、県内各地を訪れて、対話を重ねていった日々の中でも強く実感いたしました。

これまで、ほとんど市民活動をやったことがない人たちが署名を集めたり、議員に面会を求めるといった活動に参加してくれました。そして、たくさんの友人たちが、私にも意思表示をさせてほしいと立ち上がってくれました。

私たちが求めている県民投票は、単に投票の行為を意味するのではなく、それまでの学びや対話によって、理解が深まっていくプロセスをセットとしたものです。県民投票が実現した社会を想像してみると、一人一人の意見が大切にされ、自分の生きる社会、コミュニティについて責任や関心を持ち、よりよい仕組みをつくることに参加する人がふえている世界が思い浮かびます。自分の意見が大事にされるという実感の持てる丁寧なプロセスにこそ、民主主義が宿るのだということを強く感じています。

先日、一般質問の中で、加藤明良県議が、東海第二発電所の再稼働は、果たして住民投票の二者択一で判断できるテーマであるのだろうか、判断が大きく分かれる難しいテーマであるからこそ、議会での本格的な議論が行われていない現段階で、住民に賛否を委ねるということを先に決めてしまうことは、議会にとっても行政にとっても非常に無責任なことなのではないかとおっしゃっていましたが、まず、二択としたのは、再稼働に関する県の意思表示は、同意か、不同意かの二択以外にはあり得ないからです。

そして、もう一つ、議会での本格的な議論が行われていない現段階で、住民に賛否を委ねるということを先に決めてしまうことは、非常に無責任なことなのではないかといいますが、県民投票は住民に賛否を委ねることにはなりません。県民投票プロセスを経て、練られた民意から出た結果をしっかり受けとめて、県議の皆様には、責任を持って議論をしていただき、その上で、知事には、再稼働に同意するのかどうかを判断していただければと思っております。

最後に、今、世界では、民主主義を再び問い直す出来事が沸き起こっています。ここ茨城県で起きている県民投票を求める動きも、その一つとして注目を集めております。

御存じのとおり、県議会のインターネット中継のアーカイブは、YouTubeで視聴が可能ですが、現在、六月八日の意見陳述の動画の再生回数は三二〇〇回を超え、茨城県の県議会動画としては過去最高の再生回数となっていることからも、関心の高さがうかがえます。

どうぞ、民主的で公正な社会の実現のために、県議会議員の皆様が持っている力をお使いいただけることを心より願っております。

ありがとうございました。

（茨城県議会会議録による）

3　いばらき原発県民投票の会　シンポジウム「県民投票フェス vol.9　六月議会を振り返る」

茨城県議会は二〇二〇年六月一八日、日本原子力発電（原電）東海第二発電所の再稼働の賛否を問う県民投票条例案を、防災環境産業委員会・総務企画委員会連合審査会で否決した。同二三日、県議会は本会議で、同条例案を賛成少数で否決した（賛成五・反対五三）。その審議を振り返るシンポジウム「県民投票フェス vol.9　六月議会を振り返る」（「いばらき原発県民投票の会」主催）が、七月五日に水戸市で開かれ、市民ら約一九〇人（会場に約一四〇人、オンラインで約五〇人）が参加した。

登壇者は鵜澤恵一、徳田太郎、姜咲知子（ともに「いばらき原発県民投票の会」共同代表）、平方亜弥子（同会サポーター）、吉田勉（常磐大学教授）、山中たい子（茨城県議会議員）、江尻加那（同）、玉造順一（同）、中村英一（「原発県民投票静岡」事務局次長）、鹿野隆行（「みんなで決めよう『原発』国民投票」運営委員長）。以下はその記録である。

直接請求のための署名八万六七〇三筆

平方　皆様、本日はシンポジウム「県民投票フェス vol.9　六月議会を振り返る」にお集まりいただき、ありがとうございます。会場の様子は、「いばらき原発県民投票の会」の Facebook ページ、YouTube チャンネルにリアルタイムで配信しております。この会場では、ほぼ満席のお申し込みをいただいております。また Zoom 会場にも五〇名を超える方のお申し込みをいただいております。

総合司会をさせていただく平方と申します。どうぞ最後までよろしくお願いいたします。受付のときにお手元にたくさんの資料をお渡ししました。その中に「あなたは県民投票を求める活動において何を思いましたか」という質問用紙があります。よろしければご記入をいただきまして、後半の部分で皆さまの声を議論に反映させることができればと思っております。それから二つの記事のコピーも入っております。一つは毎日新聞デジタル版の記事（「原発再稼働の是非を問う県民投票はなぜ実現できないのか　茨城県議会で感じた疑問」、https://mainichi.jp/articles/20200703/k00/00m/040/342000c)、もう一つは朝日新聞ウェブサイト『論座』の記事（徳田太郎、「『原発県民投票』をあっさり葬り去った茨城県議会　八万六七〇三人の直接請求への回答は『事実誤認や論理矛盾のオンパレード』だった」https://webronza.asahi.com/national/articles/2020070100002.html）です。二つの新聞社のご厚意により、許可を受けて配布させていただいております。ここ数日間に掲載された記事です。ぜひお目を通していただければと思います。

それでは、「県民投票フェス vol.9」の開催に当たって、「いばらき原発県民投票の会」共同代表の鵜澤恵一さんよりご挨拶いただきます。

鵜澤　私たちがこの活動をし始めてから、準備期間を含めると、もう二年以上経ちました。二〇二〇年一月から直接請求のための署名収集を開始し、八万六七〇三筆の署名を集めました。それを六月の県議会に提出しましたが、残念ながら県民投票条例案は否決されてしまいました。私たちも素人ですから、県議会がどういう仕組みでどういうことをやっているのかを、今まで全然知りませんでした。それで今回、このフェスをするにあたって、いったいどういうことが話し合われてきたのか、あるいは話し合われなかったのか、そして、そもそも議会というのはどういうところなのかを、ゲストの方々にお話しいただいて、一緒に振り返っていきたいと思います。

結果的には、条例案が否決されてしまったわけですが、ここで下を向くばかりでなく、次回以降にどうしたらこの思いをつないでいけるのか、これから何が必要なのかということを共有できたら、貴重な一日になると思います。よろしくお願いいたします。

六月議会の審議は、どのようなものだったか

徳田　「いばらき原発県民投票の会」共同代表の徳田と申します。私の方からまず、本日の大きな流れとゲストを紹介させていただきます。本日のイベントでは、大きく次のことを考えていきたいと思います。まずは六月議会の審議がどのようなものだったのか。そして、審議を経て、私たち県民は何を得たのか。県民投票を求める私たちの活動はどのように総括できるか。最後に、どこに、どのようにバトンをつなぐのか、ということです（図1）。

　本日のゲストを紹介させていただきます。日本共産党の山中たい子県議、日本共産党の江尻加那県議、立憲民主党の玉造（たまつくり）順一県議です。茨城県議会の全議員をご招待いたしましたが、本日は残念ながら、お三方のみのご参加です。続いて、常磐大学教授で地方自治論・行政法学がご専門の吉田勉先生、他都県で住民投票を求める活動をされてきた、「みんなで

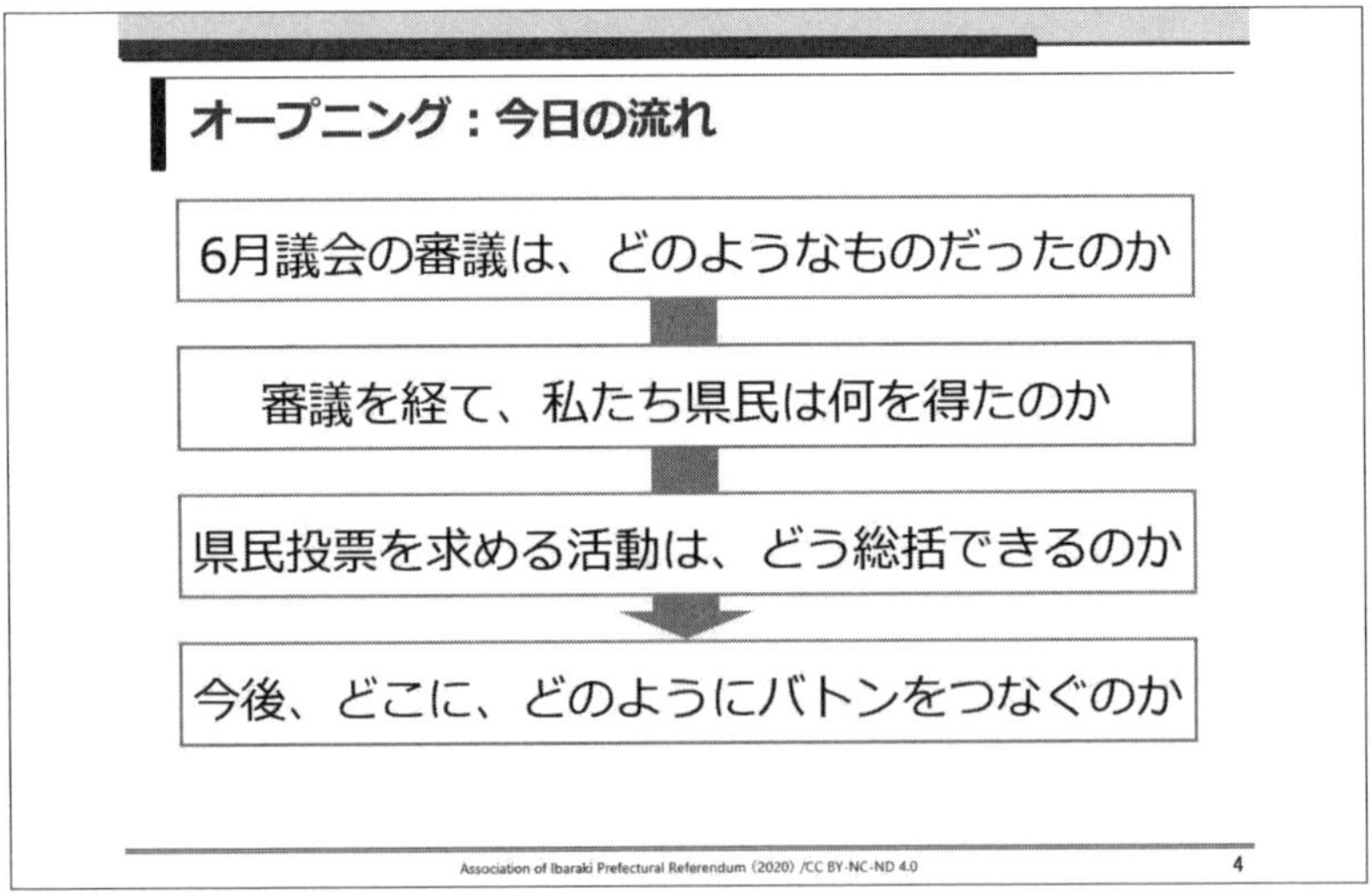

オープニング：今日の流れ

6月議会の審議は、どのようなものだったのか

↓

審議を経て、私たち県民は何を得たのか

↓

県民投票を求める活動は、どう総括できるのか

↓

今後、どこに、どのようにバトンをつなぐのか

　4

図1

決めよう『原発』国民投票」の鹿野隆行さん、「原発県民投票静岡」の中村英一さんです（図２）。

県議会からは、県民投票条例案に賛成の方のみのご参加となってしまいました。当初は吉田先生に進行をお願いしておりましたが、このような事情ですので、吉田先生にはむしろ、県民投票条例案に反対した議員の意見を代弁していただくような形でバランスを取った方がよいのではないかと考え、私が進行を務めさせていただきます。事前のご案内と変更がございますことをご容赦ください。

それでは最初に、六月議会の審議を振り返っていきます。令和二年度の第二回定例会が六月八日に開会しました。本会議で県知事から議案が提出され、請求代表者の意見陳述が行われて、六月一一日から一五日に本会議で一般質問が行われました。六月一八日、防災環境産業委員会と総務企画委員会からなる連合審査会で、参考人も含めて質疑、討論が行われ、その後、防災環境産業委員会で採決が行われました。最後に、六月二三日の本会議で討論、採決が行われました。以上が今回の審議の大きな流れで

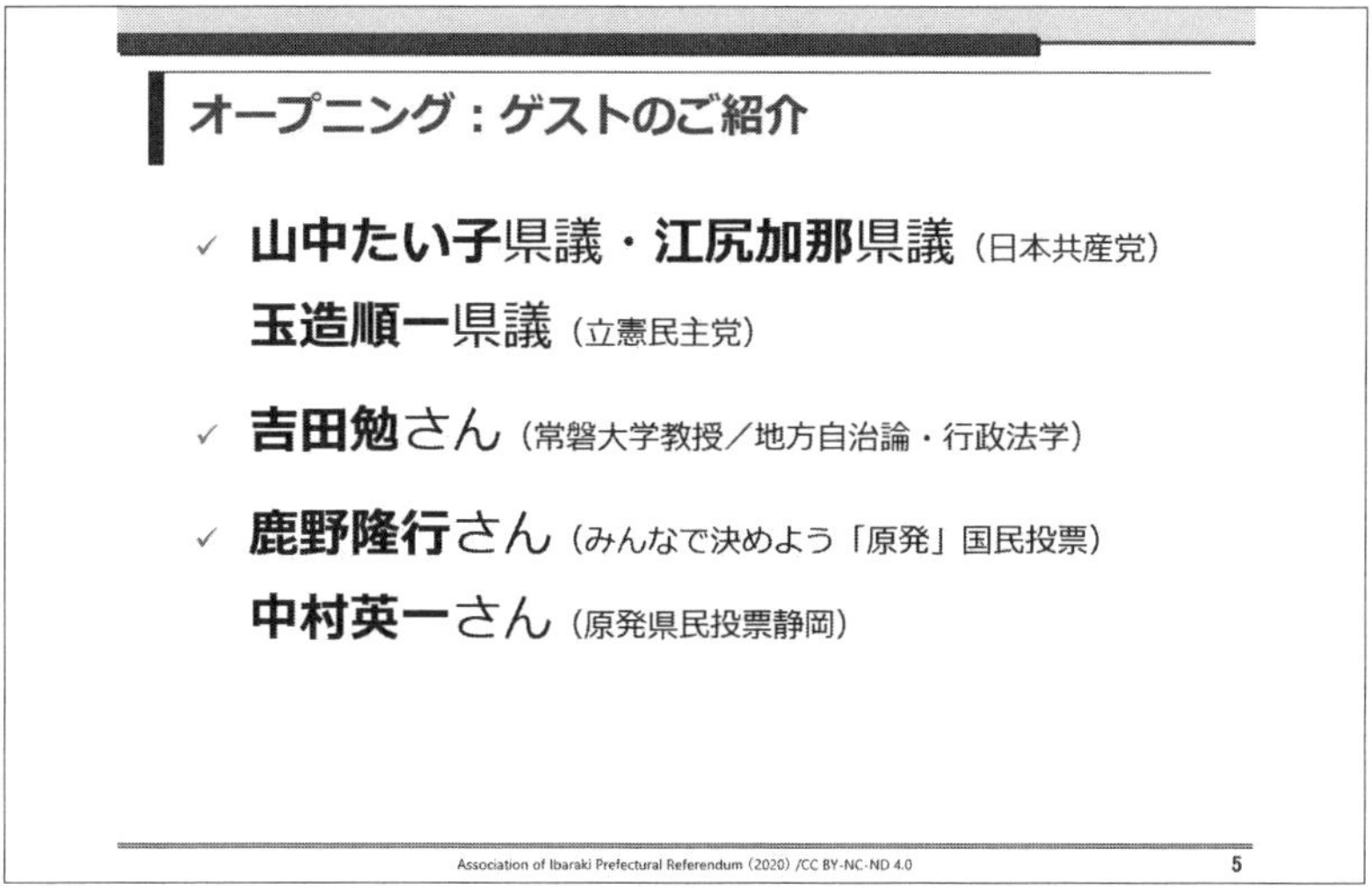

オープニング：ゲストのご紹介

- ✓ **山中たい子**県議・**江尻加那**県議（日本共産党）
  玉造順一県議（立憲民主党）
- ✓ **吉田勉**さん（常磐大学教授／地方自治論・行政法学）
- ✓ **鹿野隆行**さん（みんなで決めよう「原発」国民投票）
  中村英一さん（原発県民投票静岡）

 5

図２

す（図３）。

これを振り返るために、視点をいくつか設けておきます。まずは審議の中身に入る前に、その過程を振り返っておきます。具体的には、審議のスケジュール、連合審査会に参考人が全五組招致された際の人選、質疑や討論における時間配分、採決の方法などです（図４）。

実際にその中にいらっしゃった議員の方々、ご覧になっていた識者の方々、それぞれ感じられたこと、気になっている点など、お話しいただければと思います。

山中　本日はたくさんご参加いただきまして、ありがとうございます。県議会議員の山中です。今回の条例案は、やはりある程度の時間をとって、きちんと審議すべきではなかったかと思います。県内の市町村議会では、新型コロナウイルス感染症の拡大防止対策で、職員も大変忙しいからといって、一般質問も取り止めたり、議会の日程を短縮したりしました。私たちもそれらの点は非常に問題だと指摘して、議会に申し入れしたところです。質疑と討論が一八

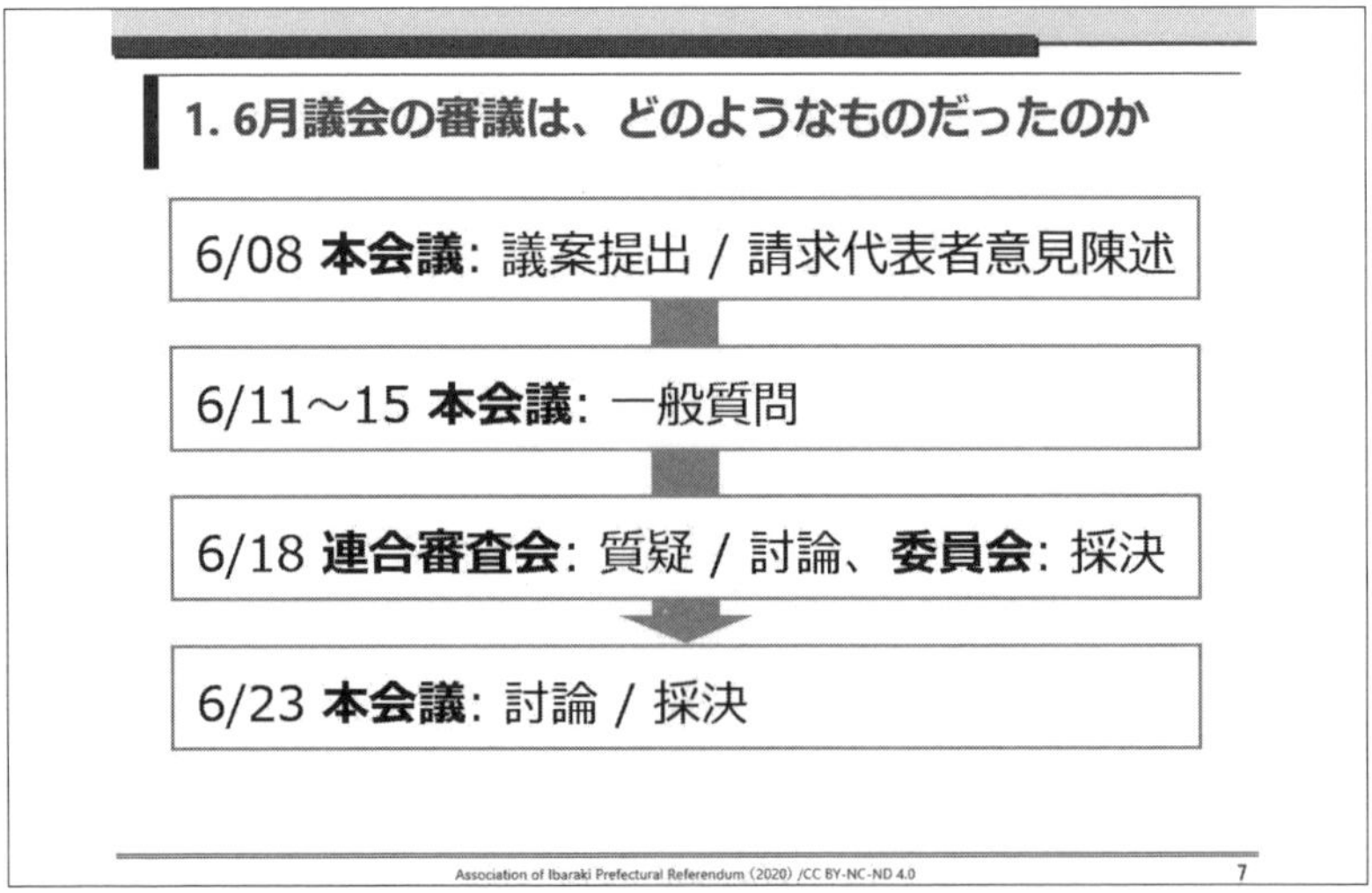

図３

日の一日のみになれば、当然のことながら参考人の人数が減り、質疑・討論の時間も短くなってしまいます。その点については江尻議員が直接関わりましたので、お話しすると思います。

江尻　県議会議員の江尻です。本日はお招きいただき、ありがとうございます。県議会をどのように進行していくかを決めるのが、議会運営委員会です。六月八日から始まる県議会の一週間前、六月一日に議会運営委員会を開き、六月の議会の進め方について審議します。運営委員会に入る議員は一〇名でして、そのうち八人が自民党、一人が公明党、一人が県民フォーラム（国民民主党）です。私も玉造さんも少数会派ということで、議会運営委員会にも入れないんですね。

ですから、まず、そもそも議会の進め方をどうするかという話し合いに、少数会派の意見が反映されにくいのが問題です。それでも、私は議会運営委員会に「委員外委員」として参加しました。審議の日程や参考人の人選を一日で審議したのですが、原子力規制委員会原子力規制庁、資源エネルギー庁の方

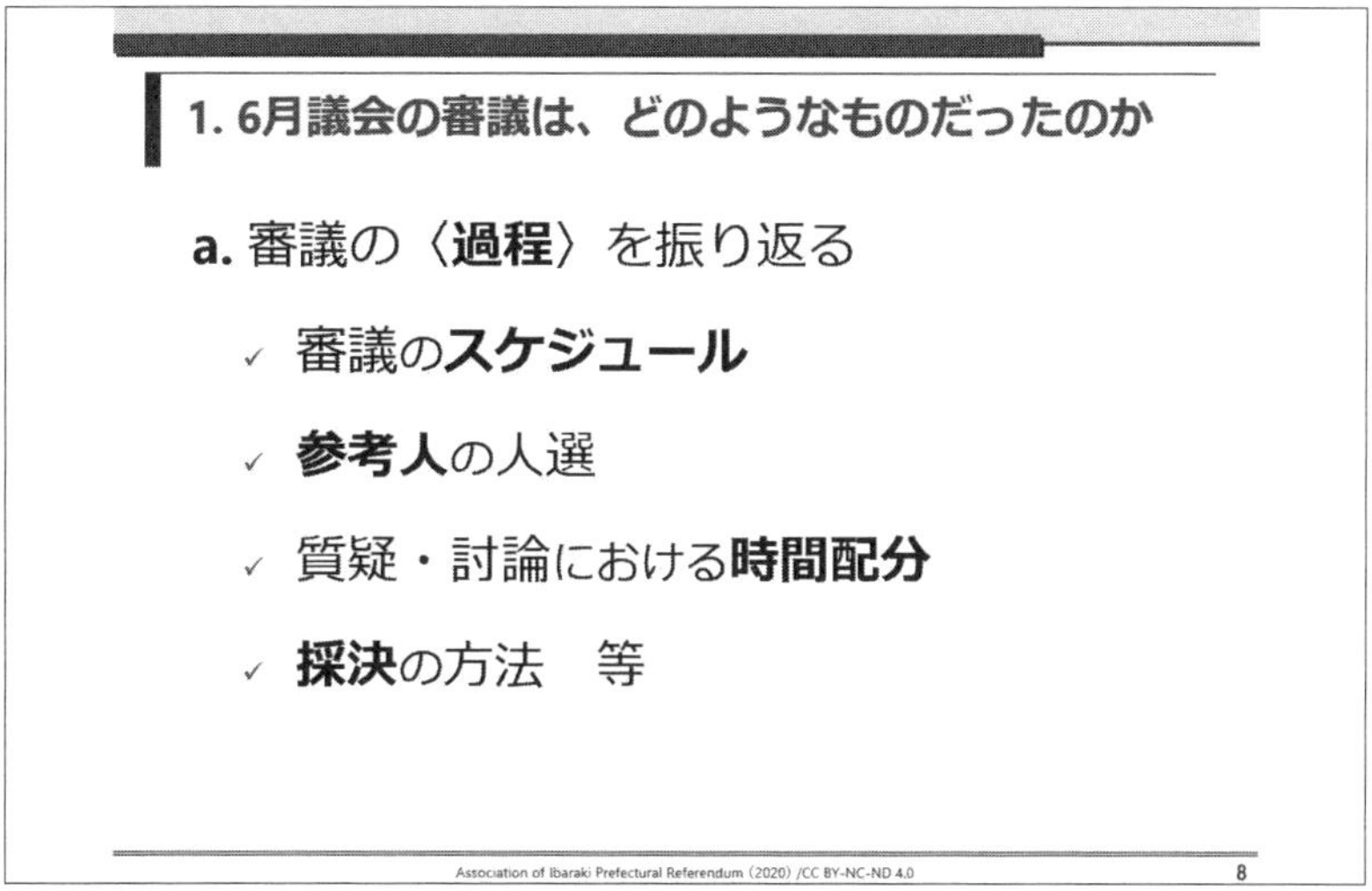

図４

も呼ぶ案が示されて、誰も何も言わず、そのまま決まりそうでした。そこで私は、「委員外委員」として手を挙げて、今回の県民投票条例案をめぐる審査会に、参考人として国家の役人を呼ぶのは適当ではない、再考していただきたいと発言しました。しかし、意見として聞いておくというだけで、参考人の人選も日程もその場では見直されないまま、八日から議会が始まってしまいました。ですから、この議会が始まる前に、一つの大きな闘い、山場があったんですね。あのとき、その点について声を大にして見直しを迫っておくべきだった、と今になって強く思います。

玉造　同じく県議会議員の玉造です。まず、今回署名をされた県民の皆様と、「いばらき原発県民投票の会」の皆様に、改めて心から敬意を表したいと思っています。茨城の保守優位の政治状況の中で、今回、組織の後ろ盾がなくて、五〇分の一以上の署名をクリアできたというのは、ひとえに県民の力であると思います。県民投票条例案が直接請求されたこと自体が、茨城の県政史上において大きな意義があったと考えています。

本来、県民の代表として審議すべき茨城県議会の問題点については、先ほど山中議員、江尻議員から指摘があった通りです。議会事務局から私たち議員に、県民投票を超えて原発の再稼働などには触れないようにご注意いただきたいと言われていました。一方で、規制庁の職員が参考人として招致されたり、東海村長さんが今回の住民投票については意見が申し上げられないとおっしゃったりしました。

それでは、いったい何を参考人の皆さんにお尋ねすればいいか、という点は、審議をする私自身も悩みました。いろいろなご意見を傾聴することにやぶさかではありませんが、県民投票そのものの意義、およびその過程に対する質疑をもっとしっかりやるべきであったと思います。

それぞれの市町村や県で、住民参加の自治体づくりのために、それぞれの自治体の審議会やさまざまな政策立案に、市民や県民の声を反映させようということで、パブリック・コメントなども出されていますね。皆さんも今回の流れをご覧になって、議会への県民参加という点で、疑問に思われなかったでしょうか。そもそも委員会とは、学校の委員会も町内会の委員会も、委員同士が議論をして一定の結論を見出していくところです。議会も県議会も、ある意味で国会もそうですが、その執行部に対して質疑をするという委員会のあり方で本当によいのかどうかが問題です。執行部に県民投票についてどう思うか、県民の直接請求についてどう思うかを聞くのではなく、委員同士で議論して、委員会の本来の機能を発揮していくことが望ましい。今回をきっかけにして、徳田さんが本会議で意見陳述されたように、自治体の議会で県民の皆さんが意見交換をし、共同で政策を立案していくことができるかどうか。この課題が明らかになったと考えています。

他の都府県の視点から

徳田　六月の茨城県議会の状況について、ご報告をありがとうございます。他の都府県の視点からぜひお話をお伺いできればと思います。中村さん、鹿野さん、今回の審議のプロセスについてどのようにお考えでしょうか。

中村　静岡から来ました中村と申します。まずは、この素晴らしい活動をされてきた茨城の皆さんと、この条例案に賛成してくださった県議の皆様方に、敬意を表したいと思います。

静岡県で私たちは、八年前の二〇一二年に中部電力浜岡原子力発電所の再稼働の是非に関する県民投票の直接請求活動を行いました。そして、一六万五一二七人分の署名を集めて県に提出。九月議会で、知事が賛成の意見を付して議案を県議会に提出しました。

県議会の総務委員会では二日間にわたって集中審議が行われた結果、私たちが出した原案は全員一致で否決されました。その後、一部の県議の方たちから修正案を出していただきましたが、本会議では原案は全員反対、修正案は賛成一七、反対四八人で否決されることとなりました。

静岡では県知事が賛成してくれたことによって、メディアの取り上げ方が大きく変わりました。議会での否決に至る過程でも、県内各地で複数回「県議会議員と語るつどい」といった活動を行い、そうした活動がメディアを通して県民に広く伝わり、関心が広がりました。

今回の茨城県議会での連合審査会を傍聴させてもらいましたが、正直言って、「たったこれだけで終わりなんですか?」と驚かされました。議論の時間が短く、内容も浅く、メディアにもあまり取り上げられないという中で、県民に関心があまり広がらなかったのではないかと非常に残念に思った次第です。

鹿野　市民団体「みんなで決めよう『原発』国民投票」の運営委員長をしております、鹿野と申します。私は「東京電力管内の原子力発電所の稼働に関する東京都民投票条例」の制定を求める活動に関わりました。その後も、各地の原発住民投票運動のサポートをさせていただいております。

今回の審議には、皆さんに挙げていただいたように、いろいろな問題点がありましたが、一方でよかった点もあったと思います。それは、請求代表者の声をしっかり議会に届けられたことです。二〇一二年に東京で行われた都民投票の時には、請求代表者が本会議で意見陳述を行うことを要求したものの拒否されてしまい、狭い委員会室で行われた意見陳述は中継されることもありませんでした。そのため、議会に駆けつけた人のほとんどが、ライブで意見陳述を見られませんでした。結局、本番が終わった後に、集まった方々に聞いてもらうためだけに、都庁の廊下のあたりでもう一回意見陳述をやり直したんですよね。また、参考人として請求代表者、有識者を委員会に呼んでほしいと要求しましたが、それもかないませんでした。当時の東京の場合に比べれば、今回は本会議で意見陳述ができて、委員会に三人の請求代表者が呼ばれて質疑応答ができたというのは、よかった点だと思います。

一方で、今回顕著だったのは、委員会審議が一日だけで終わり、審議が行われたすぐ後に採決が実施されていることです。茨城県では直接請求は二回目ということですが、九万人近い人の署名で直接請求がされるなんて、めったにないことです。それだけ重要な議案なわけですよね。もし仮に審議の前にあらかじめ方針が決まっていたとしても、参考人質疑を経て、一日寝かせて、皆で話し合いをして決めましたという格好ぐらいはつけられてしかるべきだったのではないでしょうか。それすらもなかったというのは一体どういうことなのか。そこに疑問と憤りを感じます。

徳田　吉田先生はいかがでしょうか。

吉田　常磐大学の吉田です。ご報告いただき、ありがとうございます。私はどちらかというと中立的な立場から司会を務める予定でしたが、県民投票条例に反対する議員がいらっしゃらないということで、そこにも少し足を踏み込むような形でコメントします。

今回の審議が短く、参考人として原子力規制庁の方を呼ぶのは問題ではないかというご意見は、もっともだと思います。一方で、一般の人は、県民投票を実施するのは是か非かについて、いきなり問われても分からないんですよね。これまでのエネルギー政策の流れや、原発の安全審査の状況を踏まえて、意思決定の入り口である県民投票の議論がなされ、最終的に合意に至るという一連の流れがあります。ですから、資源エネルギー庁や規制庁の担当者を呼ぶというのは、そんなにおかしいことではなかったと思います。

それから、茨城県政にとって今回の直接請求は、もし実現すれば、壮大なドラマになっていたでしょう。もちろん残念な気持ちもありますが、今回の連合審査会、つまり防災委員会と、法的なことも管轄する総務委員会という二つの委員会で、いろいろな議員が入って意見が出されました。そういう意味で、茨城県議会では今まであまり行われてこなかったことが実現しました。

ただし、茨城県の議会基本条例の中に、議員間の討議が、重要なテーマとして盛り込まれています（第八条第二項「議員は、議員相互の討議を行うことにより、論点及び争点を明確にするとともに、政策立案等を推進するものとする」）。ところが今回は、執行部と議会、知事と議会の間でしか議論がなされず、議員同士の熱心な議論が公的にはなされていません。本日は、双方の意見のどこが対立していたのか、その論点を整理しましたので、皆さんに理解していただきたいと思います。

私の意見では、結論から言うと、継続審査にすべきだったと思います。六月の定例会では論点、意見、異論を洗いざらい出して、それを議員さんが地元に持ち帰って、茨城県の県議会で問題になっていることについて、地域の方々と議論してもらう。それを次の九月の定例会で共有して、煮詰めていき、採決する。そういう熟議の過程が必要です。

住民投票、県民投票の実施の時期とも絡んできますが、継続審査を二、三年かけて行うということもあり得ます。今回は少なくとも、その二回の定例会の間に、「県議会だより」、「声の県議会だより」など、県議会の広報が出ますので、そこで県民投票特集などを組んで、議会では何が問題になっていて、どういう立場の方々が議論しているかを伝えることで、初めてわかる市民、県民の方々もいると思います。今回の経緯は新聞、テレビ等で取り上げられましたが、まだまだ十分に認知されていないと言えます。

県議へのアンケート結果

徳田　このたび私たちは、すべての県議の方に、県民投票条例案に対する賛否とその理由を伺うアンケート調査を行いました。会派としてのご意見はすでに議場で伺っているので、個人としてのご意見を伺いました。その結果の概要をご紹介いたします。

まずは回答状況です。いばらき自民党から回答一、県民フォーラム（国民民主党）から回答一、公明党から回答四、日本共産党から回答二、立憲民主党から回答一、そして無所属から回答一、です（図5）。

いばらき自民党の坂本隆司県議から回答（反対）がありましたが、理由の欄に記載がありませんでした（図6）。

県民フォーラムの設楽詠美子県議からは、回答（反対）とともに、メッセージが寄せられました。「これからも議会のなかで、住民の皆様の声を聴く手法、茨城県のエネルギー政策等の議論を深めていくことをお約束させていただきます」と書かれています（図

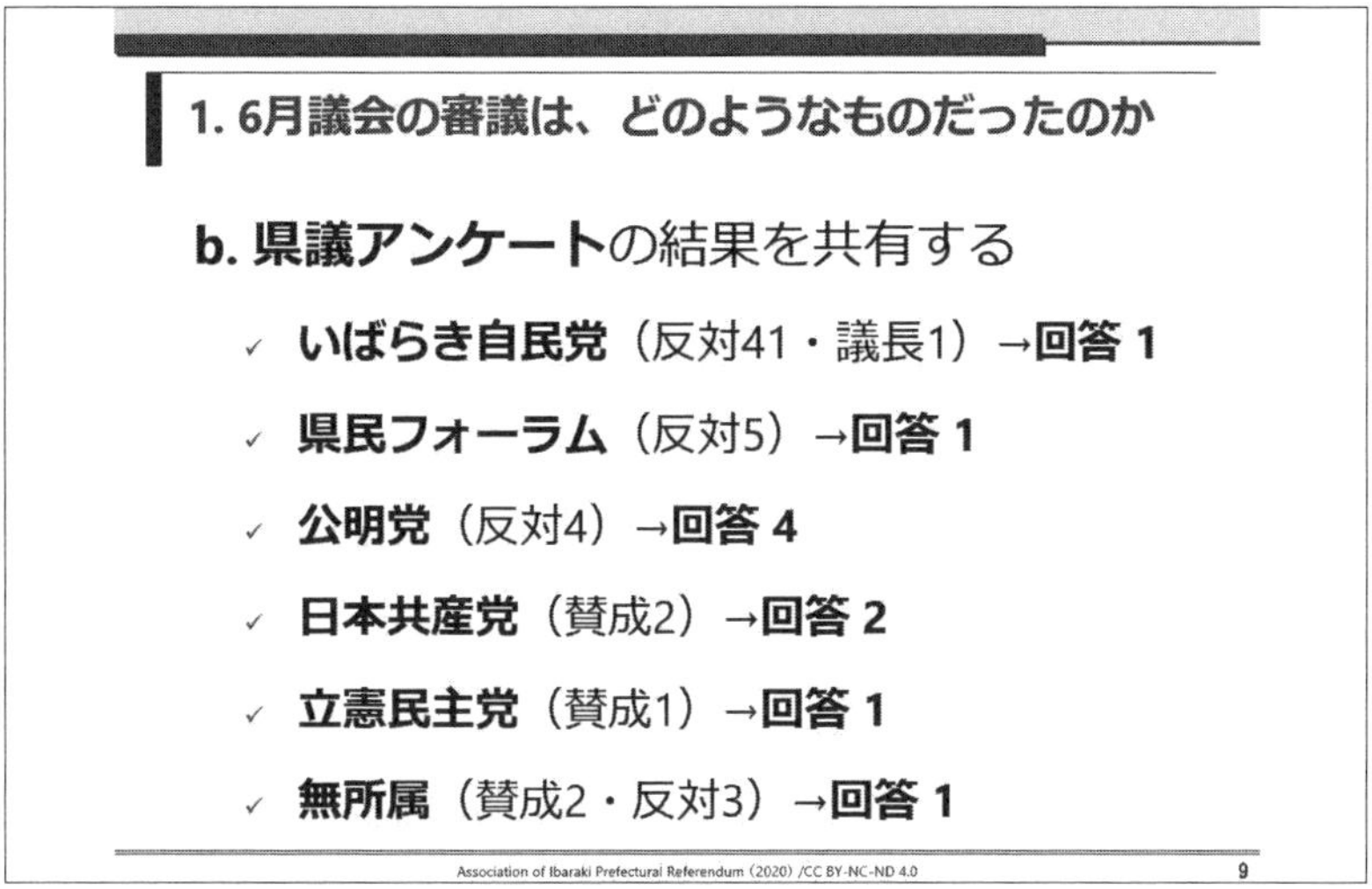
1. 6月議会の審議は、どのようなものだったのか
b. 県議アンケートの結果を共有する
いばらき自民党（反対41・議長1）→回答 1
県民フォーラム（反対5）→回答 1
公明党（反対4）→回答 4
日本共産党（賛成2）→回答 2
立憲民主党（賛成1）→回答 1
無所属（賛成2・反対3）→回答 1
Association of Ibaraki Prefectural Referendum (2020) /CC BY-NC-ND 4.0
9

図５

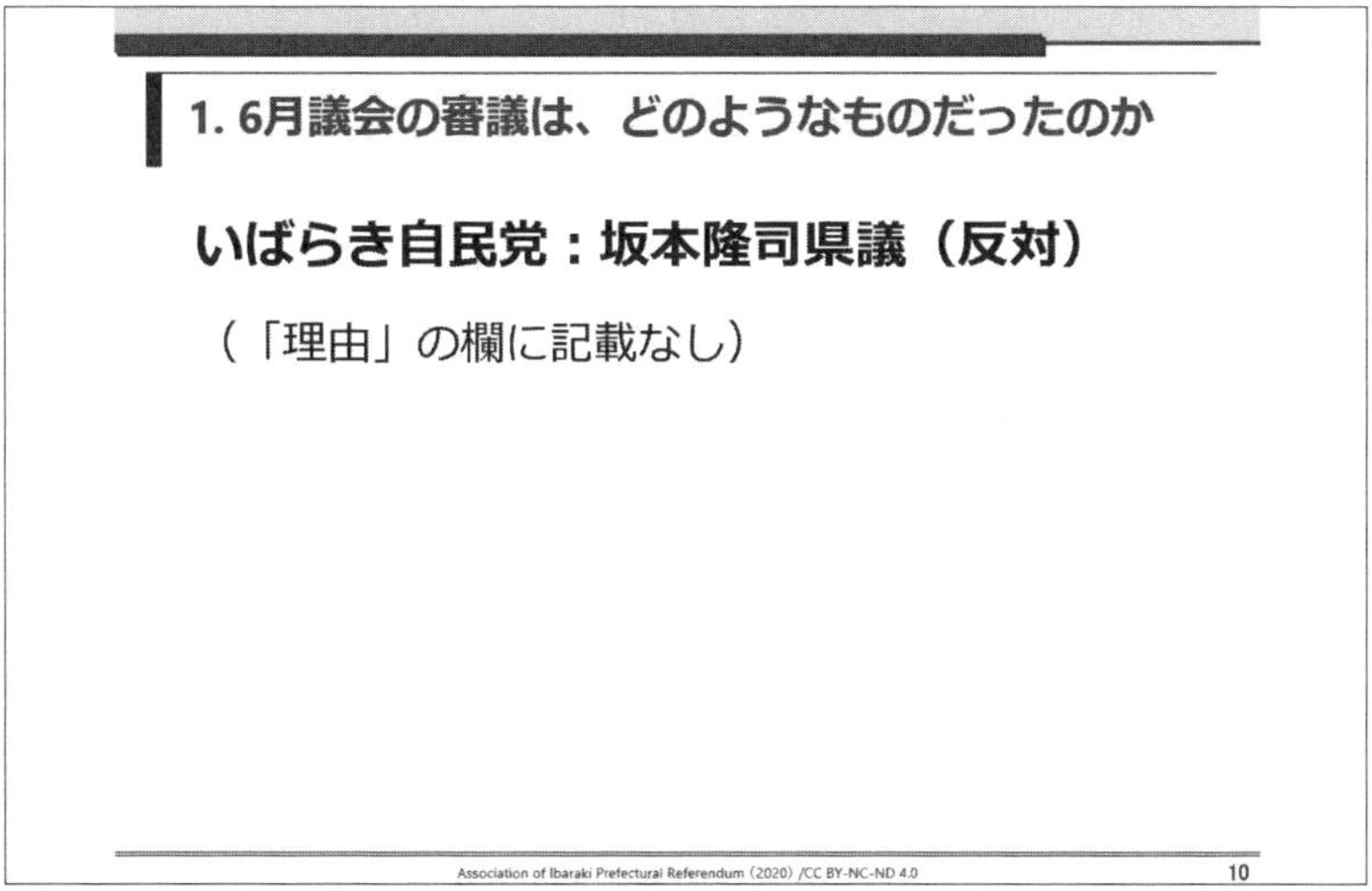
1. 6月議会の審議は、どのようなものだったのか
いばらき自民党：坂本隆司県議（反対）
（「理由」の欄に記載なし）
Association of Ibaraki Prefectural Referendum (2020) /CC BY-NC-ND 4.0
10

図６

7）。

公明党の四名の県議から、それぞれ回答（反対）がありましたが、理由の欄には「連合審査会における会派の意見表明が個人の意見とご理解ください」と記載されています（図8～11）。

日本共産党の山中県議から、回答（賛成）と、メッセージが寄せられました。一部紹介します。「受任者の一人として、話し合いを重ねれば重ねるほど、また話を聞けば聞くほど、原発の再稼働についてどなたも強い不安を持っていることを改めて感じとることができました。自分たちの意見を聴いてほしい、県民投票を実施してほしいという願い、また、現実の政治を動かしたいとの強い思いも感じられました」とあります（図12）。

同じく日本共産党の江尻県議からも、回答（賛成）がありました。「①これまでの原子力行政や原子力発電事業に、国民・県民の意見が直接反映されてこなかったことが問題であり、県民投票の実施はそれを転換するものです。②正式な手続きに則った県民からの直接請求について、間接民主制の議会が否決

1. 6月議会の審議は、どのようなものだったのか

県民フォーラム：設楽詠美子県議（反対）

七夕の訪れとともに、星に願いをこめる季節がもうそこまでやってきていることと存じます。改めまして、いばらき原発住民投票の会の皆様に心から敬意を表したいと存じます。

私は会派に所属しており、それ以上の意見を申し上げることはできませんが、住民投票の実施に向けや住民の皆様の動きそのものが大切なことなのだと思っております。86703名もの皆様の署名に込められたお気持ち、そして茨城県への直接請求には、重く受け止めております。

ここからが、スタートだと思っております。東海第二原子力発電所の再稼働の可否に向けて県民の皆様の声をきくための手法を明確にするとともに、東海第二原子力発電所の再稼働をどうするかの議論が必要です。様々な立場の皆様の声をきき、知事のリーダーシップのもと心が一つになれるような内容をもって結論が見いだせるように努力したいと考えております。

シンポジウムの出席ならびに**アンケートのご回答は控えさせていただきますが、これからも議会のなかで、住民の皆様の声を聴く手法、茨城県のエネルギー政策等の議論を深めていくことをお約束させていただきます。**

結びに、シンポジウムが実り多い時間になりますことを心からお祈りいたします。

11

図7

1. 6月議会の審議は、どのようなものだったのか

公明党：高崎進県議（反対）

連合審査会における会派の意見表明が個人の意見とご理解ください。

1. 6月議会の審議は、どのようなものだったのか

公明党：田村けい子県議（反対）

連合審査会における会派の意見表明が個人の意見とご理解ください。

図8・9

1. 6月議会の審議は、どのようなものだったのか

公明党：八島功男県議（反対）

連合審査会における会派の意見表明が個人の意見とご理解ください。

1. 6月議会の審議は、どのようなものだったのか

公明党：村本修司県議（反対）

連合審査会における会派の意見表明が個人の意見とご理解ください。

図10・11

して県民投票を実施しないことは、制度上の矛盾ではないかと考えます。③他会派から反対理由が様々挙げられましたが、どれも条例案を否決する正当な理由になっていないばかりか、その内容が矛盾しています」と書かれています（図13）。

立憲民主党の玉造県議からも、回答（賛成）が寄せられました。「東海第二原発を再稼働するかどうかは、県民の命と生活に直結する問題であり、住民投票により県民の意思を問うことは、再稼働そのものの是非を超え、広く県民の共感の中で受容される考えであるため。住民自治の理念を踏まえ、県民の直接請求を尊重するとともに、東海第二原発の再稼働問題は、優れて県民の意思が反映されるべき課題であるため」とあります（図14）。

そして無所属の中村はやと県議からも、回答（賛成）がありました。「反対する理由がない。主権者たる県民が正統な手続きで集めた署名を無視するなんてことはありえない。また、以前から、県議会での東海第二原発についての議論が不十分であると感じていたから」とあります（図15）。

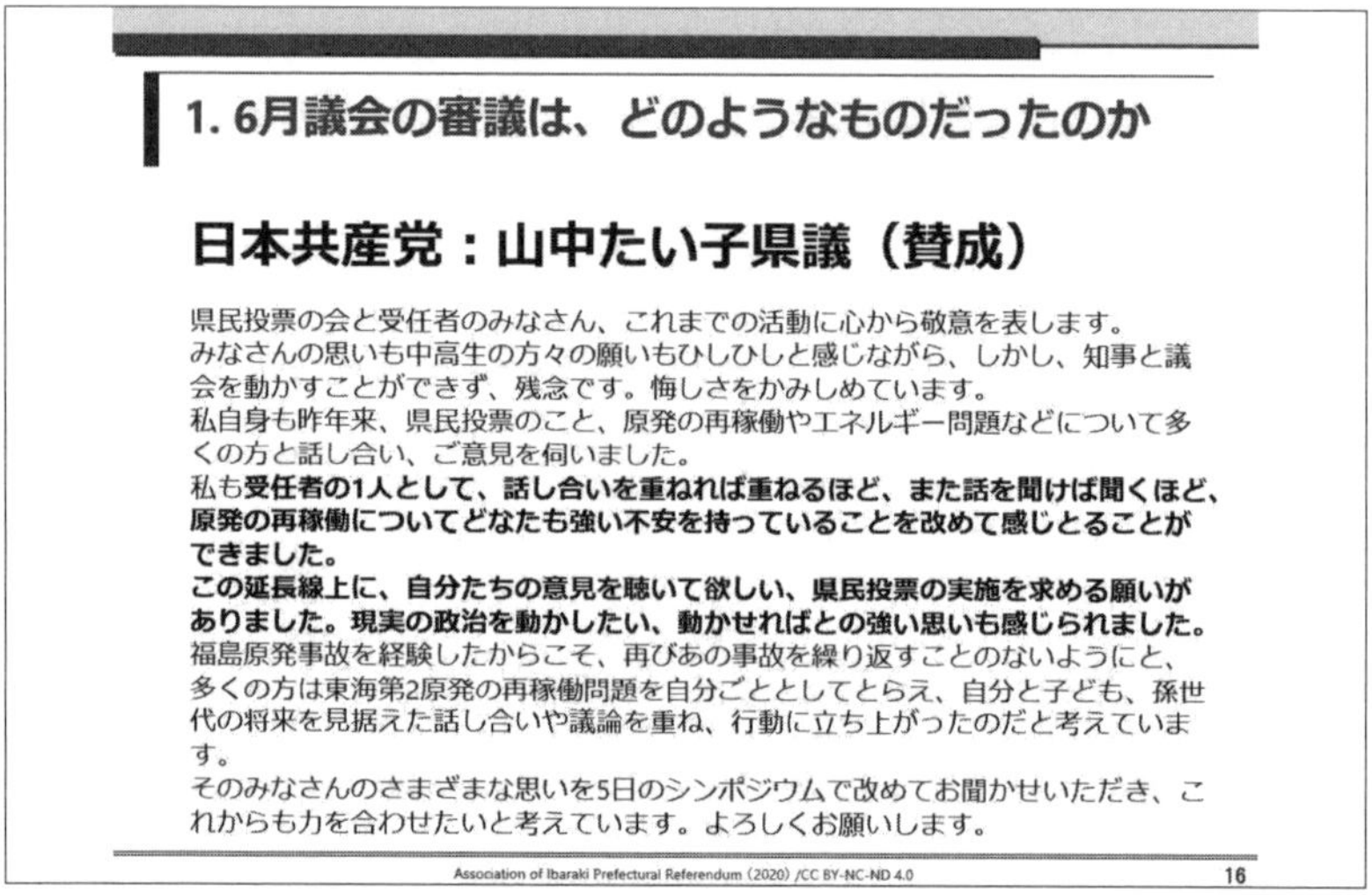
1. 6月議会の審議は、どのようなものだったのか
日本共産党：山中たい子県議（賛成）

県民投票の会と受任者のみなさん、これまでの活動に心から敬意を表します。

みなさんの思いも中高生の方々の願いもひしひしと感じながら、しかし、知事と議会を動かすことができず、残念です。悔しさをかみしめています。

私自身も昨年来、県民投票のこと、原発の再稼働やエネルギー問題などについて多くの方と話し合い、ご意見を伺いました。

私も受任者の1人として、話し合いを重ねれば重ねるほど、また話を聞けば聞くほど、原発の再稼働についてどなたも強い不安を持っていることを改めて感じとることができました。

この延長線上に、自分たちの意見を聴いて欲しい、県民投票の実施を求める願いがありました。現実の政治を動かしたい、動かせればとの強い思いも感じられました。

福島原発事故を経験したからこそ、再びあの事故を繰り返すことのないようにと、多くの方は東海第2原発の再稼働問題を自分ごととしてとらえ、自分と子ども、孫世代の将来を見据えた話し合いや議論を重ね、行動に立ち上がったのだと考えています。

そのみなさんのさまざまな思いを5日のシンポジウムで改めてお聞かせいただき、これからも力を合わせたいと考えています。よろしくお願いします。

Association of Ibaraki Prefectural Referendum (2020) /CC BY-NC-ND 4.0
16
図12

1. 6月議会の審議は、どのようなものだったのか

日本共産党：江尻加那県議（賛成）

①これまでの原子力行政や原子力発電事業に国民・県民の意見が直接反映されてこなかったことが問題であり、県民投票の実施はそれを転換するものとなる。
その県民投票を否定することは、今後も県民の声を聴かずに国の政策や企業の経営を優先させることに他ならない。

結局は、「民意を恐れた知事と議会」の実態が明らかになったと考えます。
②正式な手続きに則った県民からの直接請求について、間接民主制の議会が否決して県民投票を実行しないことは、制度上の矛盾ではないかと考えます。
間接民主制を補完する直接請求の主旨からみれば、条例案内容に重大な瑕疵等がない限り実行する必然性があると考えます。

保守的と言われる茨城、原子力発祥の地と言われる茨城で、再稼働の是非を問う県民投票の直接請求が出されたことは画期的です。それだけの重みがあると考えます。

県民投票の会の取り組みが中高生にまで広がり、まさに「民主主義の学校」として未来の世代につながる貴重な活動です。
③他会派から反対理由が様々挙げられましたが、どれも条例案を否決する正当な理由になっていないばかりか、自らの主張が相反する内容で矛盾しています。
まだまだ書き足りないことばかりですが、以上意見といたします。

 17

図 13

1. 6月議会の審議は、どのようなものだったのか

立憲民主党：玉造順一県議（賛成）

・東海第二原発の再稼働については、県民の命と生活に直結する問題であり、住民投票により県民の意思を問うことは再稼働そのものについての是非を超え、広く県民の共感の中で受容される考えであるため。
・住民自治の理念を踏まえ、県民の直接請求を尊重するとともに、東海第二原発の再稼働問題は、優れて県民の意思が反映されるべき課題であるため。

 18

図 14

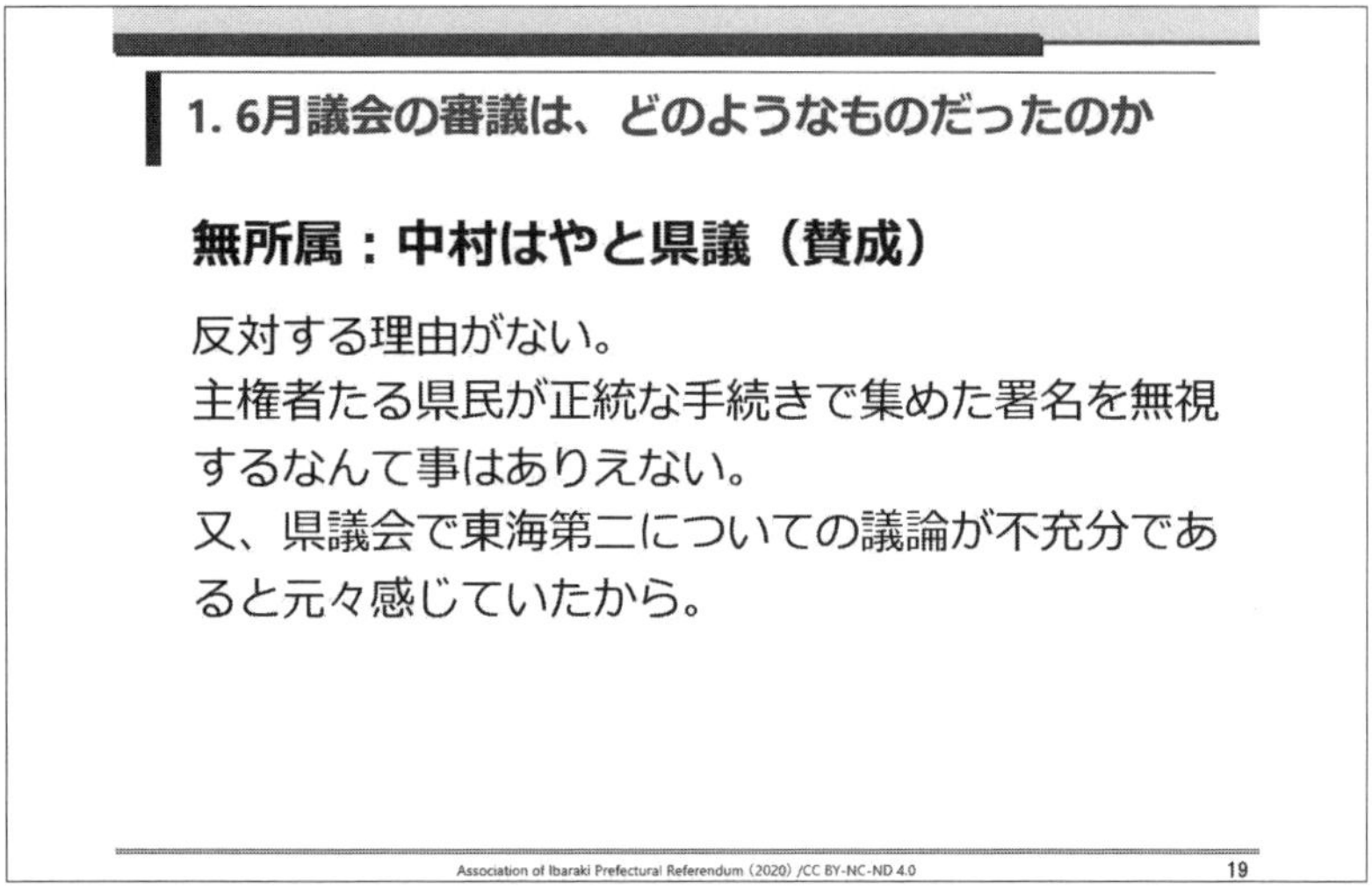

1. 6月議会の審議は、どのようなものだったのか
無所属：中村はやと県議（賛成）
反対する理由がない。
主権者たる県民が正統な手続きで集めた署名を無視するなんて事はありえない。
又、県議会で東海第二についての議論が不充分であると元々感じていたから。
Association of Ibaraki Prefectural Referendum (2020) /CC BY-NC-ND 4.0
19

図 15

続けて、アンケートも踏まえまして、六月議会の審議の内容を振り返っていきます。知事の意見、一般質問と知事の答弁、連合審査会での執行部や参考人への質疑、そして連合審査会と本会議での討論などがその内容です（図16）。吉田先生から論点をまとめた資料をご提供いただきましたので、ご説明をお願いします。

県民投票条例案をめぐる審議の状況・対立点

吉田　今回の県議会の審議でどのような点について議論されていたのかを、連合審査会の様子も含めてウェブで拝見できましたので、資料にまとめてみました。まず、図17をご覧ください。

徳田さんをはじめとする請求代表者、県議会の中には条例案の賛成・理解派、反対・慎重派の方々がいます。知事は、意見書を提出している立場から、一般質問や予算特別委員会の中で質問を受けます。県議会の中の反対・慎重派と、請求代表者との間で、一番多く議論が交わされました。もちろん、賛成・

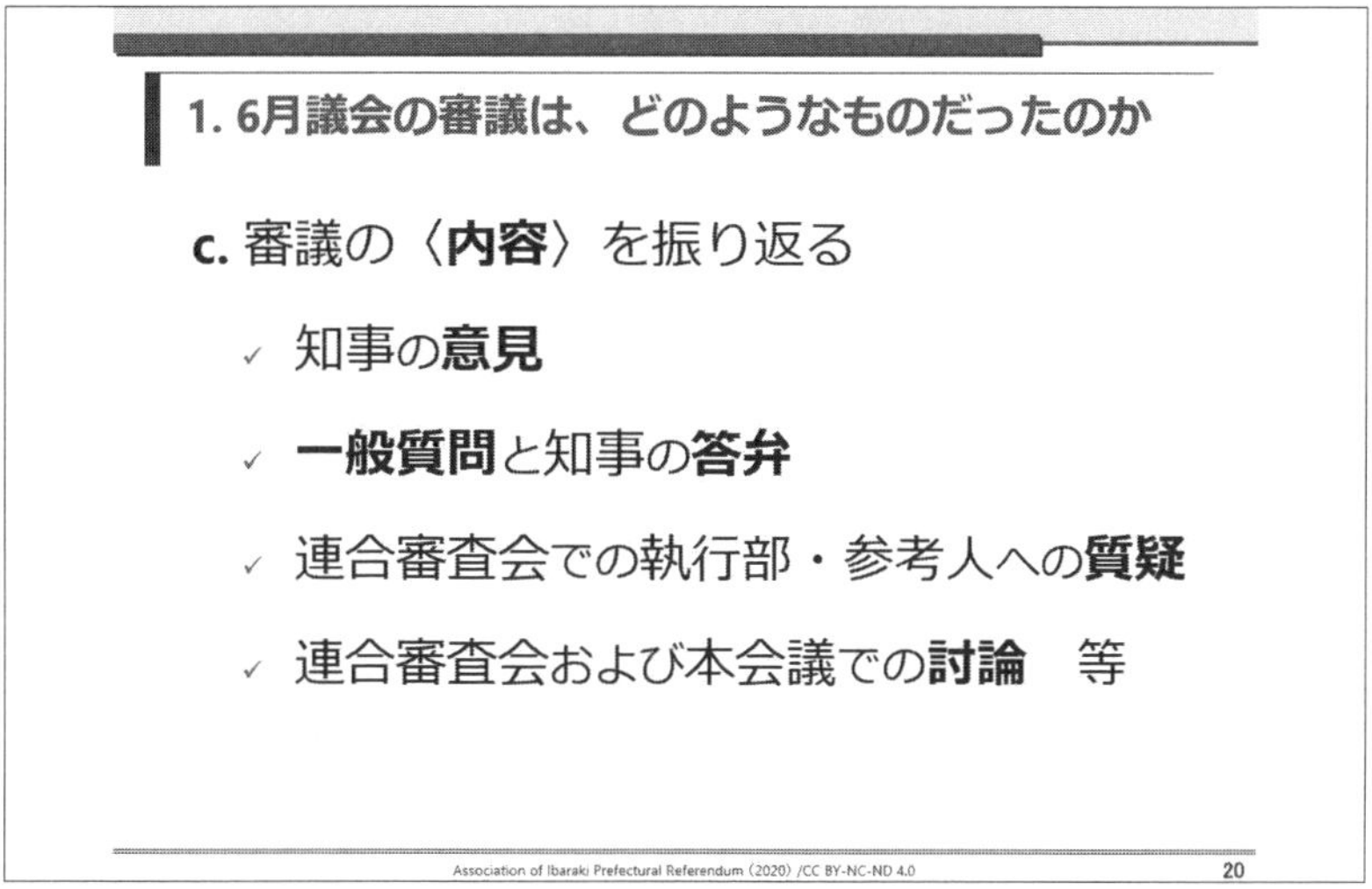

1. 6月議会の審議は、どのようなものだったのか

c. 審議の〈**内容**〉を振り返る

- ✓ 知事の**意見**
- ✓ **一般質問**と知事の**答弁**
- ✓ 連合審査会での執行部・参考人への**質疑**
- ✓ 連合審査会および本会議での**討論**　等

 20

図 16

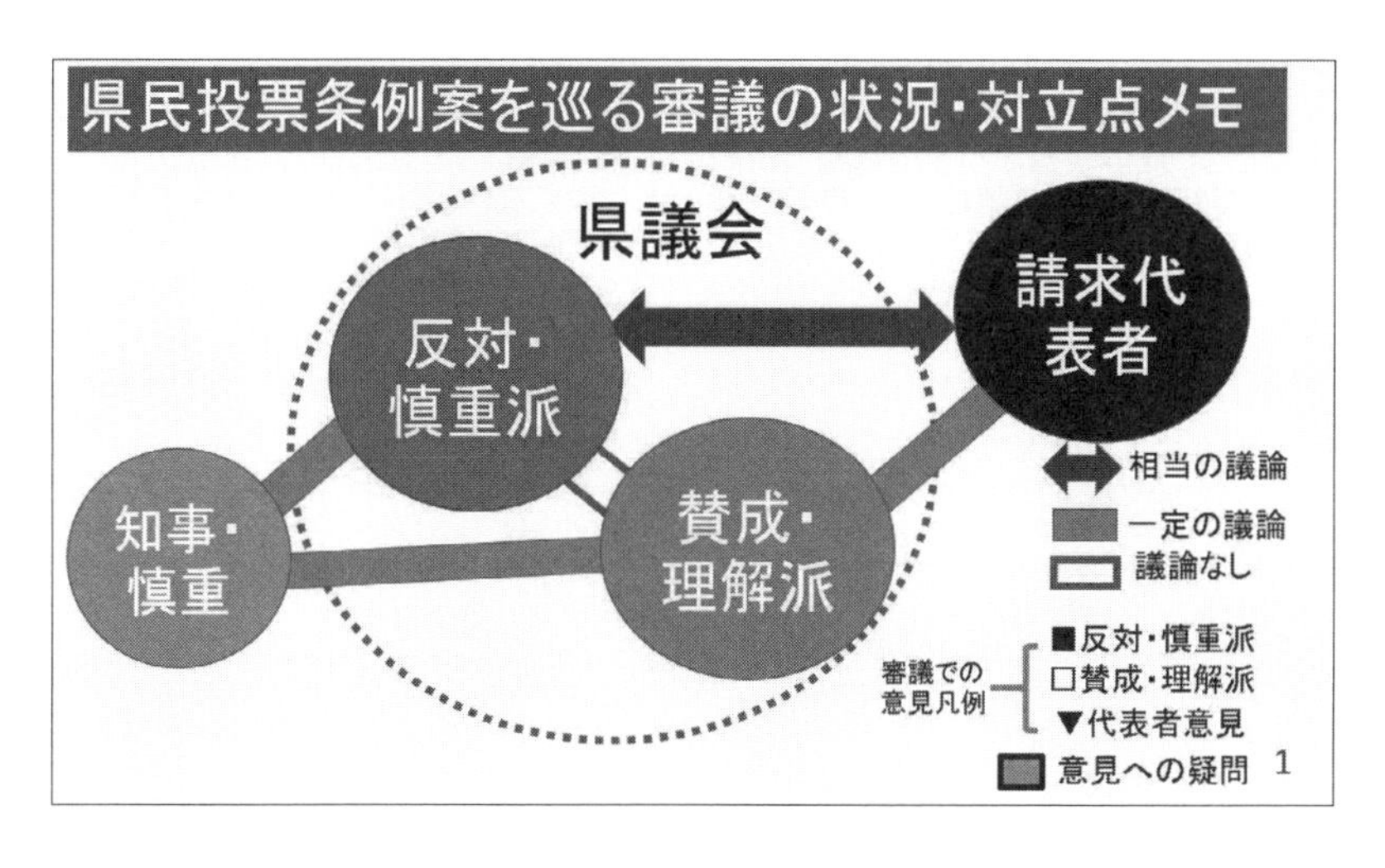

図 17

理解派は請求代表者と同じような立場です。

また、山中県議をはじめ、賛成・理解派は知事とも予算特別委員会で議論されています。一番関係（図の線）が薄いのは、反対派と賛成派との間です。今回の構図では、そこが大事だったのですが、残念ながらその議論がほとんどなかったということになります。

次に、反対派の人たちの意見（■）、それに対する、連合審査会に出られた請求代表者の方々の反論（▼）をまとめました。一般質問から連合審査会、予算特別委員会、討論までの、主要な論点を文章化したものです。その下の四角で囲った部分は、私の大学のオンライン講義で、およそ二〇〇人の学生にこれらの論点について意見や疑問点を求めまして、その内容をまとめたものです。

今回は、①安全性の検証、②実効性ある避難計画の策定、③県民への十分な情報提供という「三条件」が揃わない限り、県民に意見を聞く時期ではないという点について議論されました（図18）。いずれも非常に重要なテーマです。まず安全性の検証につい

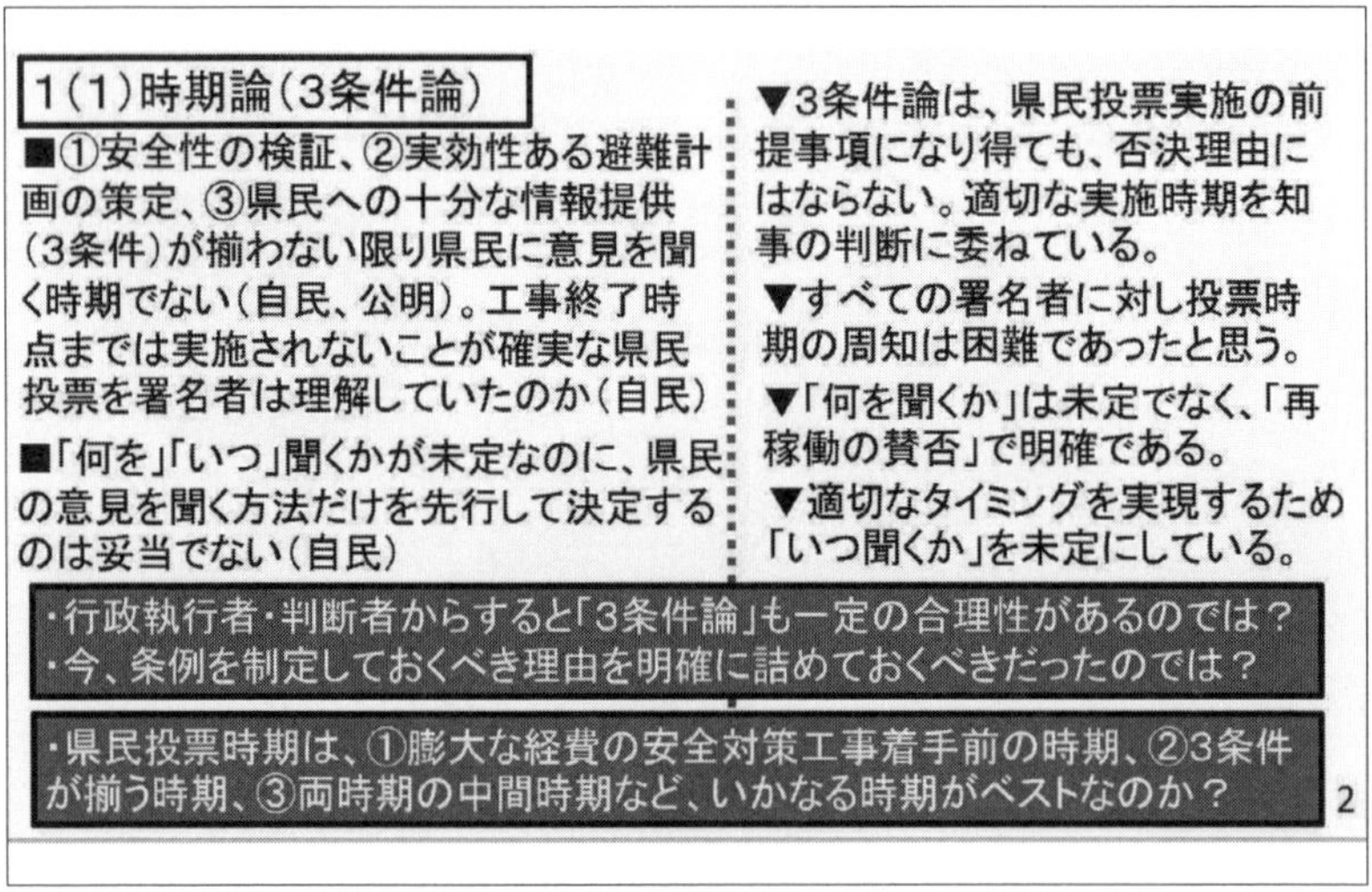

1（1）時期論（3条件論）

■①安全性の検証、②実効性ある避難計画の策定、③県民への十分な情報提供（3条件）が揃わない限り県民に意見を聞く時期でない（自民、公明）。工事終了時点までは実施されないことが確実な県民投票を署名者は理解していたのか（自民）

■「何を」「いつ」聞くかが未定なのに、県民の意見を聞く方法だけを先行して決定するのは妥当でない（自民）

▼3条件論は、県民投票実施の前提事項になり得ても、否決理由にはならない。適切な実施時期を知事の判断に委ねている。

▼すべての署名者に対し投票時期の周知は困難であったと思う。

▼「何を聞くか」は未定でなく、「再稼働の賛否」で明確である。

▼適切なタイミングを実現するため「いつ聞くか」を未定にしている。

・行政執行者・判断者からすると「3条件論」も一定の合理性があるのでは？
・今、条例を制定しておくべき理由を明確に詰めておくべきだったのでは？

・県民投票時期は、①膨大な経費の安全対策工事着手前の時期、②3条件が揃う時期、③両時期の中間時期など、いかなる時期がベストなのか？

2

図18

て、安全対策工事が二〇二二年末まで終了しない見込みなので、県民に意見を聞くのは早すぎるのではないか。また避難計画は、東海第二原発から三〇キロ圏内の市町村が作らなければいけません。しかし、まだ五市町村しか作っていなかったので、それがないと評価ができないのではないか。さらにそれを踏まえて、県民に十分な情報を提供しなければ、県民は判断できないのではないか。このような意見があります。

それから、「何を」「いつ」聞くかが決まっていないので、県民投票という手法だけを先行して決めてよいのか、という意見もあります。以上のいわば「三条件論」とも言える意見が、今回の議会の反対理由の極めて大きな割合を占めたのではないかと思います。

それに対する右側の反論には、皆さんがシンパシーを感じていらっしゃると思います。その「三条件論」は、県民投票実施の前提事項にはなり得ても、否決の理由にはならないというものです。また、県民に「何を聞くか」は、「再稼働の賛否」であり、明確に決まっている、と。

私の大学の学生の多くは、この「三条件論」について理解を示しています。まだ県議会で十分に議論されていない段階で、それについて意見を聞かれても困るよ、という学生が六割から七割いました。県民投票を実施して、県民の意見を聞くのは当然だが、このテーマについてその時点で聞かれても困るというんですね。まずは県議の方々に、真剣に議論してもらう必要がある、という立場です。今回は特に、県民投票の時期が一般の人にはわかりづらい。膨大な経費をかけて安全対策工事を始める前に、県民に意見を聞いておくべきだったのではないか、という意見も学生から出ました。もっと早い時期、「三条件」が揃う時期、あるいは安全性の検証を終えた後の、その中間の時期のうち、いつ実施するのがベストかについては、意見が分かれるわけです。

時期論（三条件論）以外の論点

二番目は「任期」の問題です（図19）。この議会で行ったことが、次の任期の議員の議会を縛っていいのかという反対意見でしたが、これは合理的とは言えません。法的には縛っていいんです。それが気に入らなければ、次の議会で条例を廃止すればいいわけです。

三番目は、一般的には、住民投票は、議会で熟議を重ねても判断がつかない場合に、最終的に住民に聞くものであると理解されています。そのため、まだ県民に意見を聞くべきではないという意見があります（図19）。しかし、それに限られず、選挙時に争点となっていないこと、具体的な争点を直接に住民に問うて議論していくのは、住民投票の一つの機能です。

よく言われることですが、県民投票の結果は、間接民主制における議会と長の議論に大きな制限をかけてしまう懸念があります（図20）。しかし、それが議会と長の議論に影響を与えるのは当然なんです。その投票結果をどう使うが大事で、その点を議会と長が判断すればよく、否決の理由にはならないのではないか、という意見もあります。

次は定番の議論ですが、今回のような専門的な問題については、二者択一で県民に意見を求めるのは妥当ではないのではないかという意見があります（図21）。自民党の予算特別委員会では、各種団体との意見交換も行われますが、結局、投票結果がイエスかノーで決まってしまえば、そのプロセスが投票結果に埋もれてしまうのではないか、という意見も出ました。

それから、他の方法として、賛否の理由がわかるパブリック・コメントや、大規模なアンケートを活用すべきという意見もあります（図21）。それに対して県議の条例案賛成派の方は、パブリック・コメントは特定意見、小数意見が多数出てきてしまい効果がなく、政策に反映されにくいため、県民と行政の間に不信感が募ってしまう、という反論が出されました。

これに対しては、二者択一が問題であれば、選択肢を増やす協議をすればよく、別の方法により集約した材料と組み合わせて、知事と県議会が最終判断をすればよい、という意見が出ています。また、県

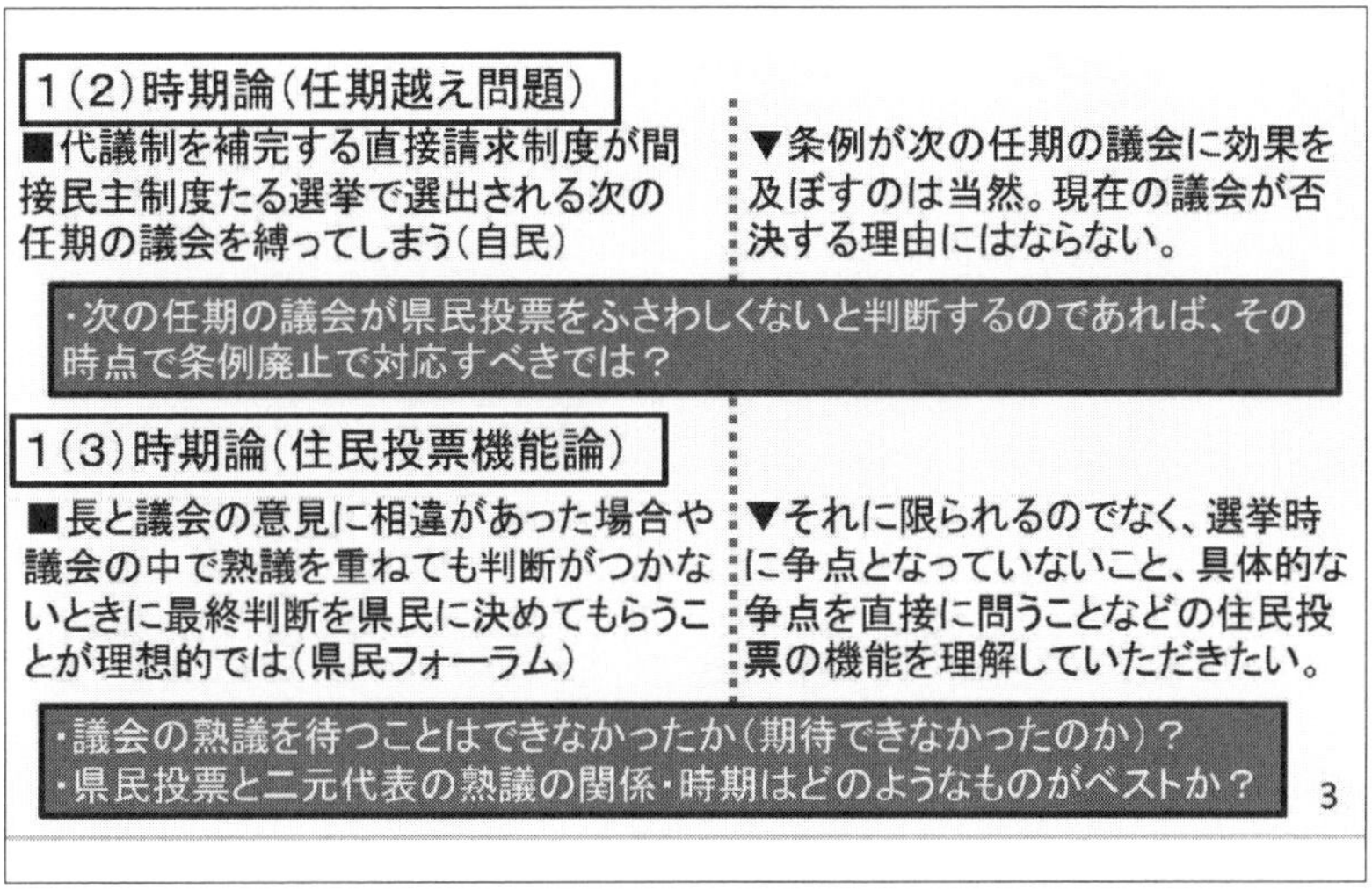

1（2）時期論（任期越え問題）

■代議制を補完する直接請求制度が間接民主制度たる選挙で選出される次の任期の議会を縛ってしまう（自民）

▼条例が次の任期の議会に効果を及ぼすのは当然。現在の議会が否決する理由にはならない。

・次の任期の議会が県民投票をふさわしくないと判断するのであれば、その時点で条例廃止で対応すべきでは？

1（3）時期論（住民投票機能論）

■長と議会の意見に相違があった場合や議会の中で熟議を重ねても判断がつかないときに最終判断を県民に決めてもらうことが理想的では（県民フォーラム）

▼それに限られるのでなく、選挙時に争点となっていないこと、具体的な争点を直接に問うことなどの住民投票の機能を理解していただきたい。

・議会の熟議を待つことはできなかったか（期待できなかったのか）？
・県民投票と二元代表の熟議の関係・時期はどのようなものがベストか？

3

図 19

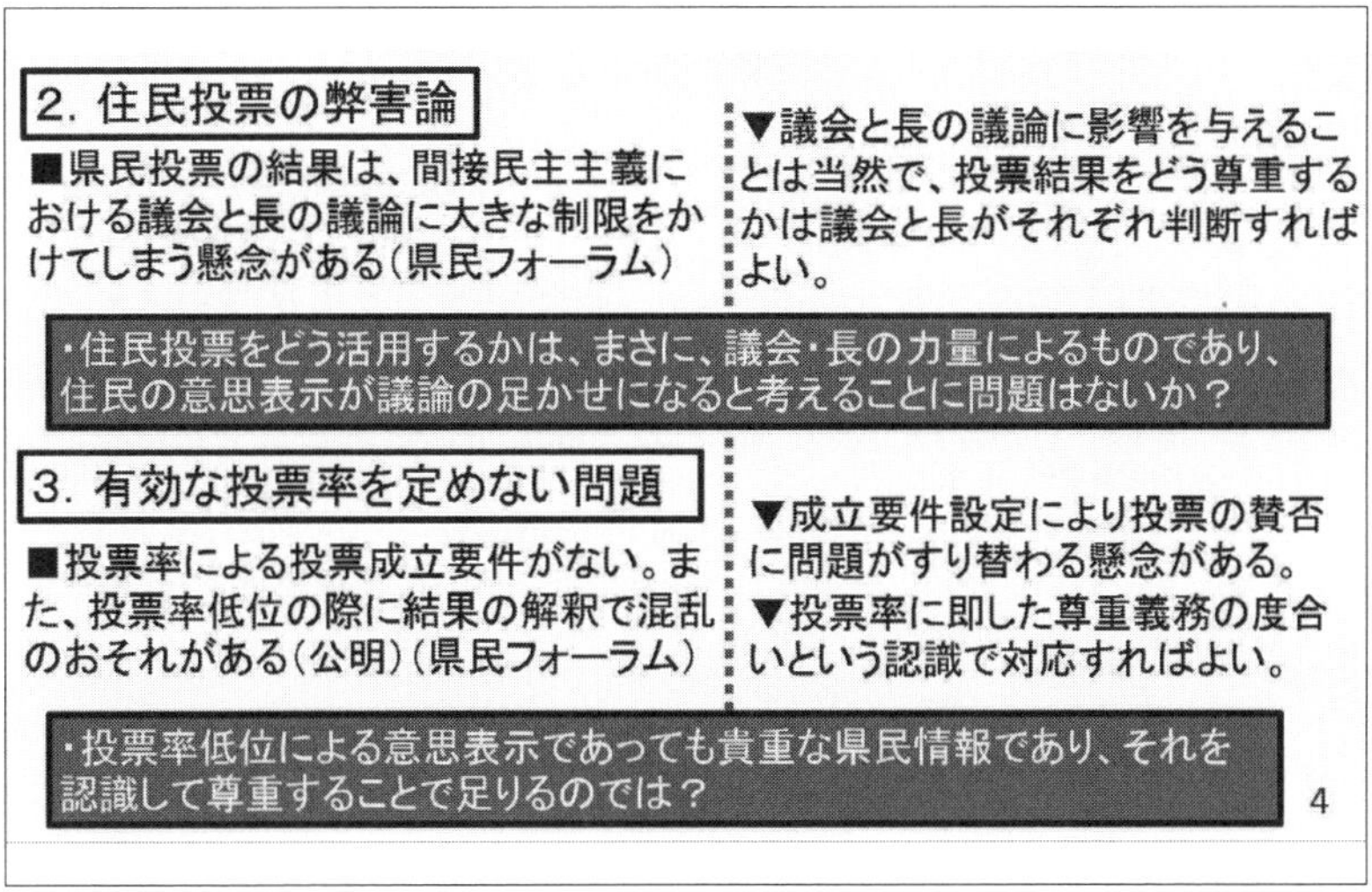

2．住民投票の弊害論

■県民投票の結果は、間接民主主義における議会と長の議論に大きな制限をかけてしまう懸念がある（県民フォーラム）

▼議会と長の議論に影響を与えることは当然で、投票結果をどう尊重するかは議会と長がそれぞれ判断すればよい。

・住民投票をどう活用するかは、まさに、議会・長の力量によるものであり、住民の意思表示が議論の足かせになると考えることに問題はないか？

3．有効な投票率を定めない問題

■投票率による投票成立要件がない。また、投票率低位の際に結果の解釈で混乱のおそれがある（公明）（県民フォーラム）

▼成立要件設定により投票の賛否に問題がすり替わる懸念がある。
▼投票率に即した尊重義務の度合いという認識で対応すればよい。

・投票率低位による意思表示であっても貴重な県民情報であり、それを認識して尊重することで足りるのでは？

4

図 20

民投票がすぐれているわけではないが、それを実施するとなると、一票が二八七万人の県民一人ひとりに与えられるので、いろいろと議論になり得る。そのプロセスで「練られた民意」、これは徳田さんがご指摘された表現ですが、それを得ることが大事で、それはアンケートやパブリック・コメントでは得られない、ということです。

コストの問題もあります（図22）。今回の県民投票には、九億円の経費がかかると試算されました。これは茨城県内で行われた住民投票と比べても多額です。これに対して、請求代表者の方々から、知事選と一緒にやる案などが出されています。これはこれでいろいろと問題ではありますが、「コスト」ではなく、広い意味で県民が成長するための「投資」と捉えるべきだ、という考えもありますね。

一票の格差やエネルギー政策の問題、継続審査

続けて、「地域と一票の格差」いう重要な問題があります（図22）。住民投票は、基本的には市町村

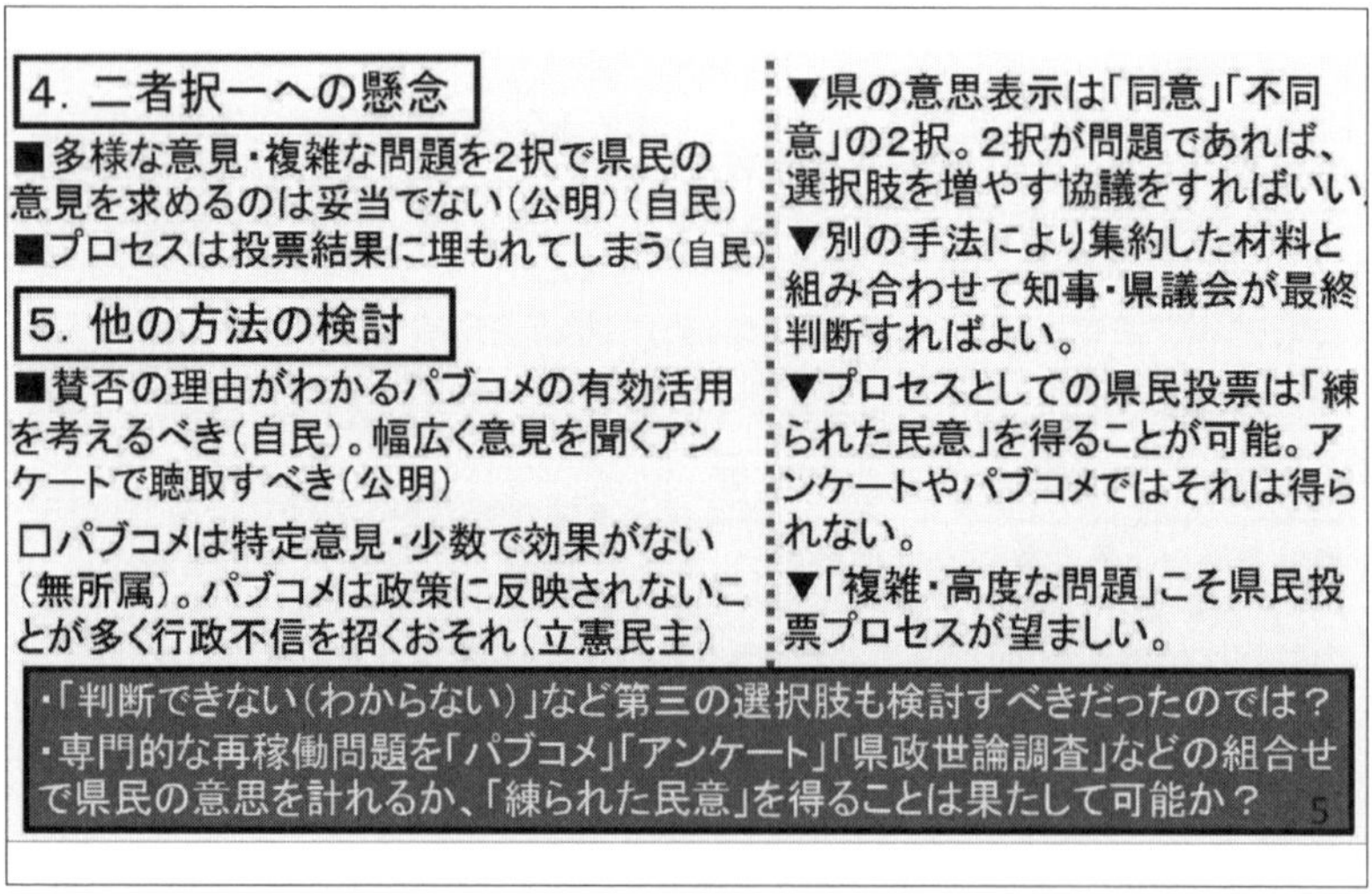

4. 二者択一への懸念	▼県の意思表示は「同意」「不同意」の2択。2択が問題であれば、選択肢を増やす協議をすればいい。
■多様な意見・複雑な問題を2択で県民の意見を求めるのは妥当でない（公明）（自民） ■プロセスは投票結果に埋もれてしまう（自民）	▼別の手法により集約した材料と組み合わせて知事・県議会が最終判断すればよい。
5. 他の方法の検討 ■賛否の理由がわかるパブコメの有効活用を考えるべき（自民）。幅広く意見を聞くアンケートで聴取すべき（公明） □パブコメは特定意見・少数で効果がない（無所属）。パブコメは政策に反映されないことが多く行政不信を招くおそれ（立憲民主）	▼プロセスとしての県民投票は「練られた民意」を得ることが可能。アンケートやパブコメではそれは得られない。 ▼「複雑・高度な問題」こそ県民投票プロセスが望ましい。

・「判断できない（わからない）」など第三の選択肢も検討すべきだったのでは？
・専門的な再稼働問題を「パブコメ」「アンケート」「県政世論調査」などの組合せで県民の意思を計れるか、「練られた民意」を得ることは果たして可能か？

5

図 21

レベルです。市町村合併でおよそ四〇〇件、それ以外では全国でおよそ四〇件なされています。沖縄県の二例を除いて、市町村の公共施設や産業廃棄物処理施設の建設、駅の名称などの身近な議題をめぐって、住民投票が行われています。ですから、今回の場合、原発周辺の住民と、それ以外の地域の住民との間で、明らかに関心の度合いが違います。東海村の投票者の一票と、それ以外の投票者の一票に、格差があるのではないかという意見が、自民党から出されました。その通りだと思います。それに対しては、例えば、東海村や水戸市という市町村レベルでも住民投票を実施すればよく、まずは県民一人ひとりに一票の権利が与えられることが大事であるという反論が請求代表者からは出されています。ここにも議論の余地があります。地域的な問題について、県レベルで住民投票を実施するとなると、やはり難しいと思います。この点についてはぜひもっと深く議論していただきたいです。

さらに続けて、原発が稼働されないリスク（地域振興、交付金が得られないことによる経済的損失、

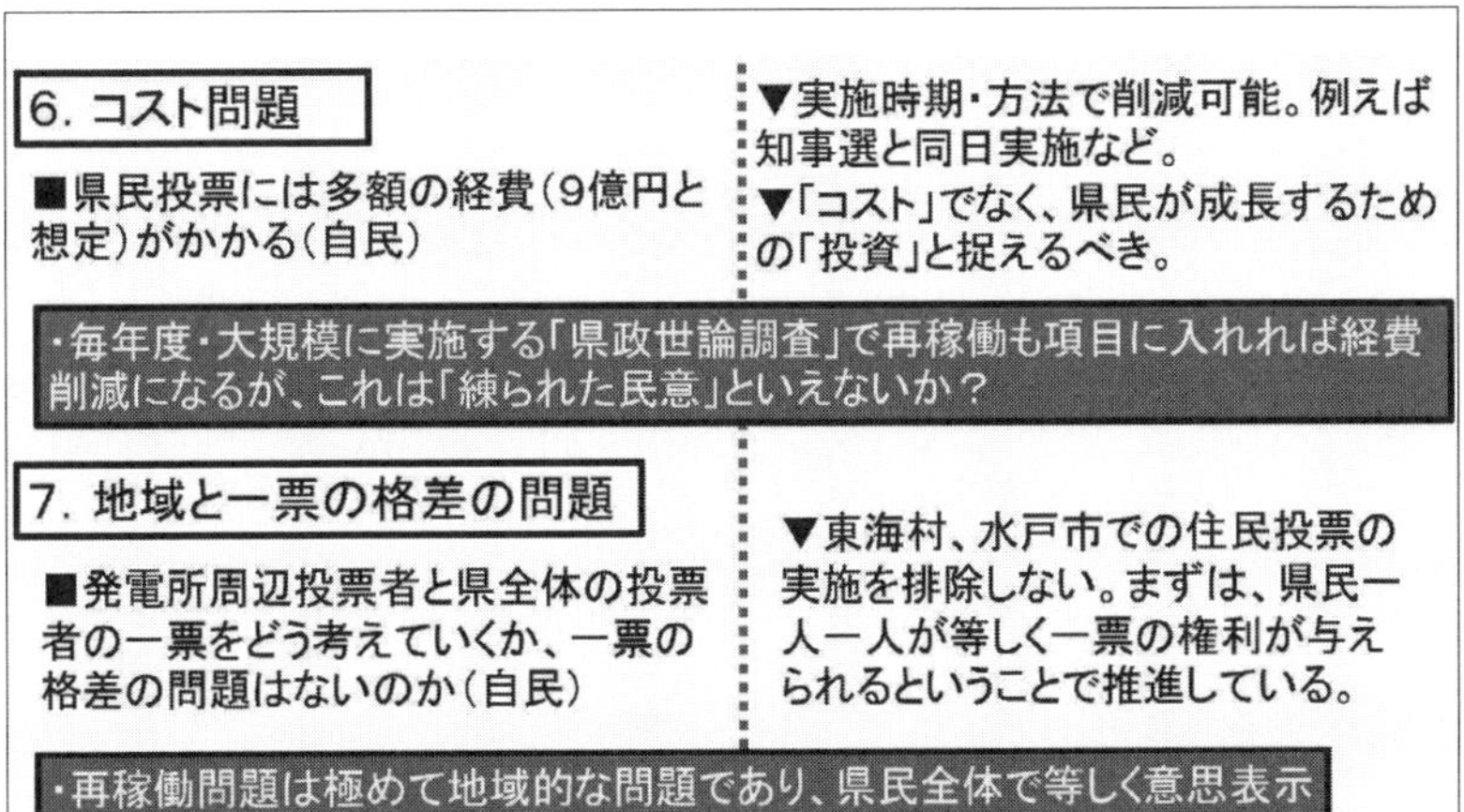

6. コスト問題	
■県民投票には多額の経費（9億円と想定）がかかる（自民）	▼実施時期・方法で削減可能。例えば知事選と同日実施など。 ▼「コスト」でなく、県民が成長するための「投資」と捉えるべき。

・毎年度・大規模に実施する「県政世論調査」で再稼働も項目に入れれば経費削減になるが、これは「練られた民意」といえないか？

7. 地域と一票の格差の問題	
■発電所周辺投票者と県全体の投票者の一票をどう考えていくか、一票の格差の問題はないのか（自民）	▼東海村、水戸市での住民投票の実施を排除しない。まずは、県民一人一人が等しく一票の権利が与えられるということで推進している。

・再稼働問題は極めて地域的な問題であり、県民全体で等しく意思表示すべき問題か？投票結果を地域を踏まえてどう判断するのか？

6

図 22

損害賠償、増税など）についても県民投票は引き受けることができるのか、という疑問が自民党から挙げられました（図23）。これについては、県民の意思表示が県議会に反映され、その決定に従うのが「引き受ける」の意味だ、という請求代表者からの反論がありましたが、この点でもなかなか議論が嚙み合いませんでした。

エネルギー政策をめぐる問題もあります（図23）。エネルギー政策は国が集中的に行っています。県はそれに対して、法律上の根拠に基づかない「協定」を結ぶことができ、国の不履行などなどを理由に差し止め請求をすることができると考えられています。ですが、原発稼働の最終的な判断を、県の個別の条例に依拠させることに反対する意見がありました。原発は国の監督下で、民間企業によって運営されています。その稼働を自治体が決定するのはおかしいのではないか、という意見もありました。この点についての明確な反論はなかったのではないかと思いますが、今回の場合は、国の制度改正、法改正を期待する以前に、県民、知事、県議会の総意で一定の解決ができる問題だと思います。

県議会での継続審査を条例賛成派から主張されましたが（図24）、それには自民党から反対意見が出されました。速やかな県民投票の実施を願い、署名した方々に、いつ実施するのかをきちんと（請求代表者は）説明したのか。継続審査は署名者の本意に沿っているのかどうか。そういった疑問の声が条例反対派から上がりました。ですが、これは反対する理由としては少し弱いですね。今回の審議過程には多くの疑問点、問題が残っているので、一回の定例会で結論を出すようなものでなく、繰り返しますが、継続審査が適切だったと思います。

署名運動についても意見が寄せらせています（図24）。今まで県議会でこの問題が十分に議論されてこなかったことの反省から、署名運動が行われたと無所属の議員は言いました。自民党をはじめ多数の会派も、署名に表れた県民の意思を重く受け止め、今後、知事から提出される安全性等の情報や県民の声に耳を傾け、県議会でも活発な議論を重ねていくという方向性が出されており、この点では一致して

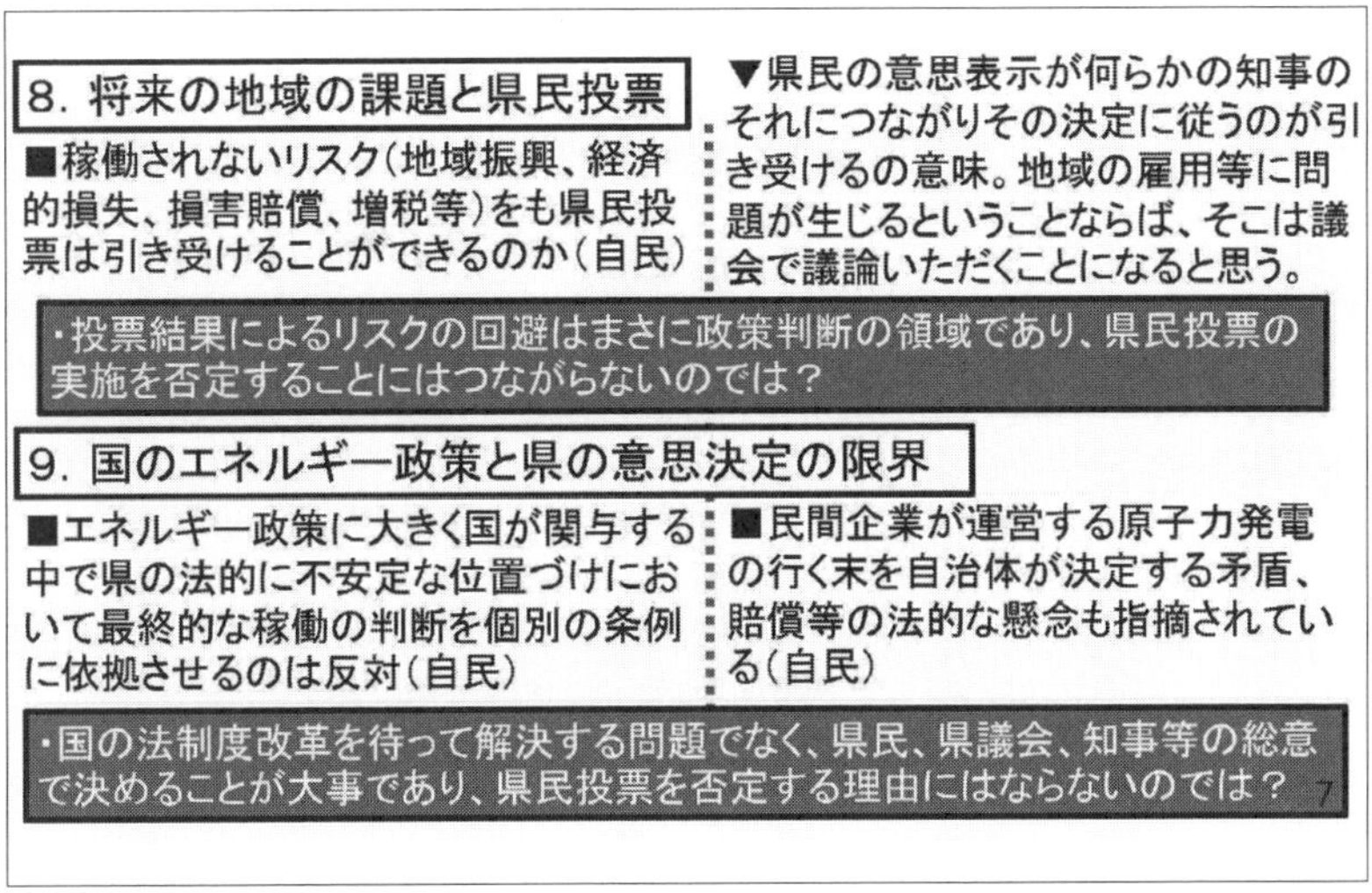

8. 将来の地域の課題と県民投票

■稼働されないリスク(地域振興、経済的損失、損害賠償、増税等)をも県民投票は引き受けることができるのか(自民)

▼県民の意思表示が何らかの知事のそれにつながりその決定に従うのが引き受けるの意味。地域の雇用等に問題が生じるということならば、そこは議会で議論いただくことになると思う。

・投票結果によるリスクの回避はまさに政策判断の領域であり、県民投票の実施を否定することにはつながらないのでは？

9. 国のエネルギー政策と県の意思決定の限界

■エネルギー政策に大きく国が関与する中で県の法的に不安定な位置づけにおいて最終的な稼働の判断を個別の条例に依拠させるのは反対(自民)

■民間企業が運営する原子力発電の行く末を自治体が決定する矛盾、賠償等の法的な懸念も指摘されている(自民)

・国の法制度改革を待って解決する問題でなく、県民、県議会、知事等の総意で決めることが大事であり、県民投票を否定する理由にはならないのでは？

7

図 23

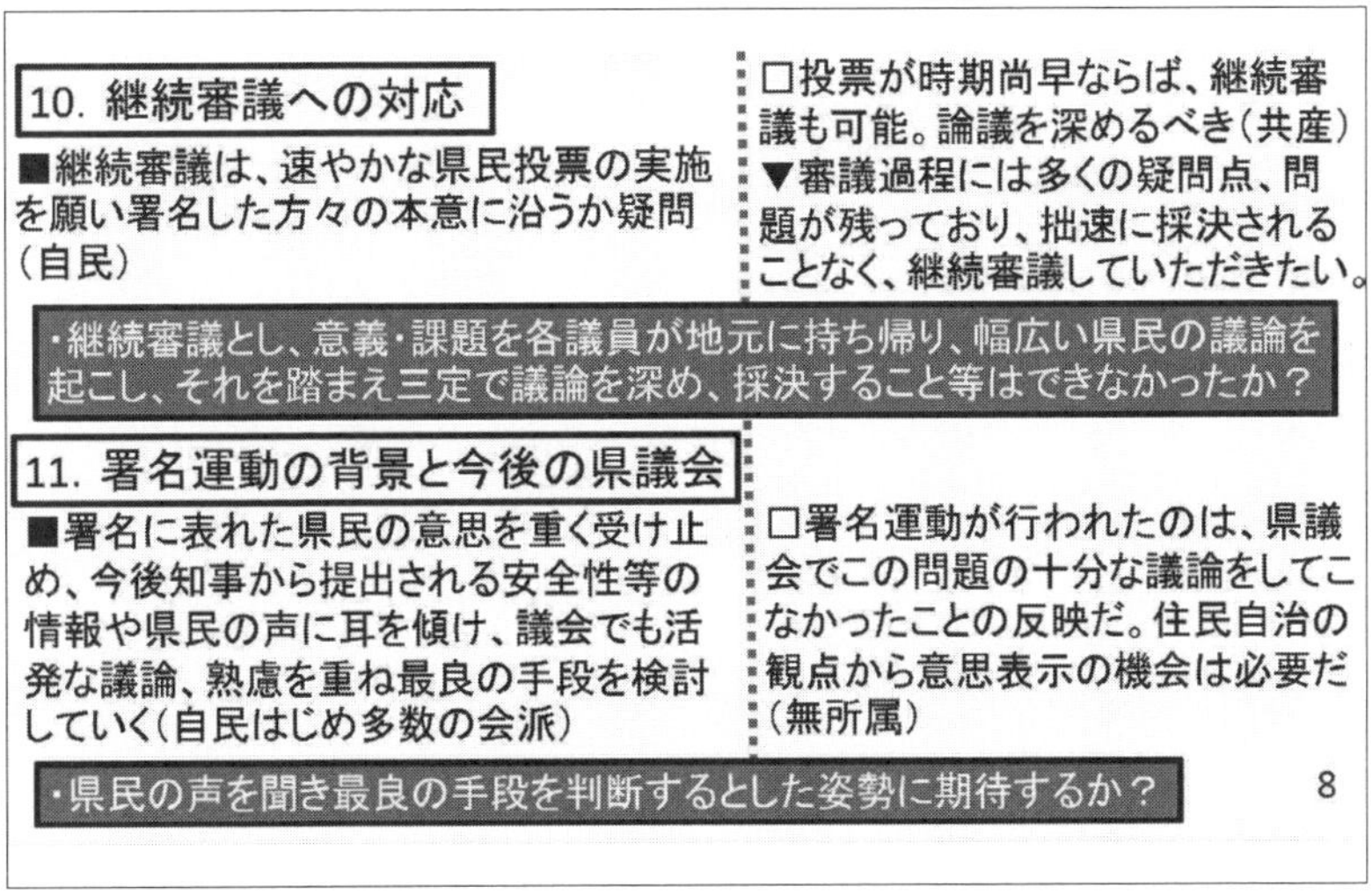

10. 継続審議への対応

■継続審議は、速やかな県民投票の実施を願い署名した方々の本意に沿うか疑問(自民)

□投票が時期尚早ならば、継続審議も可能。論議を深めるべき(共産)
▼審議過程には多くの疑問点、問題が残っており、拙速に採決されることなく、継続審議していただきたい。

・継続審議とし、意義・課題を各議員が地元に持ち帰り、幅広い県民の議論を起こし、それを踏まえ三定で議論を深め、採決すること等はできなかったか？

11. 署名運動の背景と今後の県議会

■署名に表れた県民の意思を重く受け止め、今後知事から提出される安全性等の情報や県民の声に耳を傾け、議会でも活発な議論、熟慮を重ね最良の手段を検討していく(自民はじめ多数の会派)

□署名運動が行われたのは、県議会でこの問題の十分な議論をしてこなかったことの反映だ。住民自治の観点から意思表示の機会は必要だ(無所属)

・県民の声を聞き最良の手段を判断するとした姿勢に期待するか？

8

図 24

います。超党派の勉強会も、ぜひ設けていただきたいと思います。

ここで紹介した議論には、意見が対立している部分もありますが、そうでない部分もあります。繰返しになりますが、県議会が今回の審議に立ち向かう姿勢は評価いたしますが、その一方で、質疑の時間も短く、議論が煮詰められていない部分も数多くある印象を受けました。私の報告は以上です。

審議について気になる点、疑問点

徳田　詳しくご説明いただき、ありがとうございます。吉田先生のご報告を受けて、気になる点や疑問点を挙げていただければと思います。

玉造　大井川知事が条例案への賛否を明示しなかったことが、いろいろなメディアに取り上げられています。主権者である県民の、「こういうふうに行政を運営してほしい」という直接請求が行われた時点で、法的な問題があるのならば、その事情を県民に説明するのが、行政の役割ではないでしょうか。提出された書類をお読みになって、問題点をわかっていながら教えないというのは、一種の意地悪ですよね。

議員提案によって条例を作ろうとする際には、議会事務局が立法を補佐したり、担当課が意見を聴取したりして、手続きを進めていきます。残念ながら、県民の皆さんがこういう条例を作ってほしいという時に、今の県議会には県民をフォローする体制がないことが明らかになったと思います。

江尻　今後の茨城県議会の中に、超党派の議員によって、原発問題について県民の意見を聞く方法を話し合う場所（委員会など）がきちんと設置されて、議論が進むのかどうか。ここに県民の皆さんの関心が集まっています。六月の県議会が終わった後に、議会運営委員会が開かれ、私も参加しました。そこで、次の九月の県議会をどうするかについて、議論が始まります。その前に、私は言いたいことがあると申し出ました。六月議会を終えてみて、この審議の日程と参考人が適切だったかどうかを、きちんと検証すべきであり、超党派で議論を進める機会を設けてもらいたい、と述べました。ですが、私の申し出に対しては、いまだに回答がありません。

県内では、東海村と那珂(なか)市の議会に、原発問題の委員会があります。原発が立地する全国の都道府県では、議会の中に、その問題について議論する特別委員会が設置されているところが多いのです。しかし、茨城県議会にはそれがない。普段からまともに議論されていないんですね。

私たちは共産党として、六年前にこういう特別委員会の設置を要求しましたが、それがいまだに実現できておりません。その特別委員会の設置さえ、何を議論すればいいかが明確でないという理由で、時期尚早だと言われかねない状況です。しかし、県民投票条例案が審議されたことを受けて、この問題に真剣に向き合うためにも、それを設置する必要があると思います。これは最低限やるべきことであり、皆さんも意見をまとめて議会に要求していただければ、とても心強いです。

山中　大井川知事が県民投票条例案に賛否を示さなかったこと、あいまいな態度を取ったことに、私は正直驚きましたし、憤りを感じます。だからこそ、その点について予算特別委員会で質疑をしたんですね。

あれだけ多くの署名が皆さんから集められたということに、知事も敬意を払うべきではないかと思います。今回の県民投票に賛成か反対かという議論以前に、それぞれの政党、それぞれの議員に、原発再稼働に対する考え方が当然あるわけです。県議会の中で、エネルギー政策について議論できているかというと、あまりに不十分だと感じます。

自民党などは代表質問、一般質問がありますが、私たち少数会派が発言できる機会は限られています。県議会議員は、原発についてどう態度表明するかを問われています。今回の連合審査会でも、自民党は自民党の立場、その他の政党はそれぞれの立場で質疑をしておりましたが、改めて各政党の考え方がはっきり見えてきたという点はよかったと思います。条例案は否決されましたが、引き続き、県議会は、県民の皆さんとともに、この問題を議論していく責任があると思います。

具体的になった原発再稼働のプロセス

中村　八年前の静岡での活動以来、大きく変わったことが一つあります。それは九州電力の川内原発や玄海原発の再稼働を通じて、再稼働にいたるまでのプロセスが具体的に明らかになったということです。再稼働をさせるためには、まずは電力会社側は原子力規制委員会の安全審査をクリアしなければならない。それをクリアした後も、県知事と県議会の同意、そして原発が立地している地元自治体の首長と議会の同意が必要となります。

ですから、今後、茨城県の東海第二原発の再稼働が申請された場合、茨城県の知事と県議会の皆さんが、同意か不同意かを判断する場面が出てきます。その前に、県民投票で県民の意思を明らかにしておくべきなのだと思うのです。

また、今回の県議会の議論の中で「二者択一で県民に意見を求めるのは妥当ではない」という反対意見がありました。しかし、知事も県議会も、再稼働への同意か不同意かの判断をすることになるわけですから、二者択一の選択肢しかないわけです。また、「国のエネルギー政策に住民投票はなじまない」という反対意見もありましたが、再稼働に関して県知事と県議会が同意・不同意の判断をするわけですから、その前に県民の意思を明らかにするための県民投票を行うことは何の問題もありませんよね。

今回の連合審査会での議論を傍聴していて痛感したことは、茨城県の皆さんが請求した県民投票条例案の意味が、県議会で十分に理解されていない、ということです。そして、残念ながら多くの県民にも理解されていなかったのかもしれません。しかしこの先、東海第二原発の再稼働が申請された場合は、茨城県民の皆さんがより強い関心を持つようになることは間違いありません。ぜひとも、その時に備えて、活動を続けていっていただけたらと思います。

鹿野　今回の条例案についての議論は確かに低調でしたが、その理由をよく考えてみると、そこまで悲観的になる必要はないのではないかと思っています。というのも、県議の方々の間に、県民の意見をしっかりと聞いて、それを議会に反映させなければいけないという一定のコンセンサスがあることが、今回の議会審議を通じて浮き彫りになりました。アンケートやパブリック・コメントなど、なんらかの直接民主主義的な方法で県民の意見を聞きましょう、という方向性は議会で共有されましたよね。その方向性を認める一方で県民投票を否定しなければならず、条例反対の県議は苦しい議論を強いられたのではないでしょうか。

今後は、江尻議員もおっしゃったように、県民投票を軸にして、県民の意見を聞く方法について、いろいろと議論を深めていくことが大事だと改めて思います。

吉田　中村さんが、この八年で原発再稼働のプロセスが明確になったとおっしゃいましたが、茨城県でもそうです。茨城県では、六市村で、国のエネルギー政策と協定しています。県知事も、経済産業省の大臣との話し合いのなかで、協定に同意するかどうかを決定します。

問題はやはり、県民投票の実施時期です。「三条件」が揃わなければ県民投票を実施できないとする考えは、一定の合理性があると思います。この点について県議の先生方はどのようにお考えですか。

江尻　まず、原発の安全性の検証には二つの意味があります。一つは安全対策工事が終わることであり、もう一つは茨城県の中に設けられている、安全対策検証委員会という専門委員会の検証作業が終わることです。原発の安全対策工事が完了したからといって、果たして安全なのか。そして、県の専門委員会が検証したからといって、本当に安全と言えるのか。原発が安全であるかどうかは、ずっと問われ続けることであり、どこかで検証が終わるということはないと思います。

次に、県が避難計画を作りましたと言っても、その計画に県民の意見が反映され、県民が本当に納得できるのか、という疑問は残ります。そこに住んでいる人から見れば、そんな避難計画ではだめだという反対が出てきて、避難計画の実効性については、かなり長い議論になると思います。

さらに、県民に対して、どの範囲でどのような情報を提供すれば十分と言えるのかという点も、なかなか結論が出ないでしょう。

したがって、この三条件が揃わない限り県民投票はできないと言うことは、これからもずっと県民投票を実施しない、県民の声を聞かないと言っていることに等しいです。連合審査会で、私が原子力規制庁の職員とやりとりをした時に、その方は「原発が一〇〇%安全になることはない」、「原発がある以上、そこにリスクが存在する」とはっきりおっしゃっていました。それでは今の段階で、原発の安全性をどう判断するのか。それには対策工事や県の検証以外に、県民の立場からの判断も必要になってくるのではないかと思います。

吉田　①安全性の検証、②実効性のある避難計画の策定という条件が揃う前に、県民に十分な情報が提供できるのか。県民投票の反対派はそう主張しています。

玉造　あまりにも、方法論や技術論に偏りすぎているように見受けられます。県の行政は、日本原子力発電（原電）と国とともに、慎重に進めていただければいいのですが、民主主義のプロセスに問題があるということです。

福島第一原発事故以来、あるいはそれ以前から、原発の安全性の神話は破綻しています。提示された「三条件」のうち、③県民への十分な情報提供は、県がやるべきことではなく、事業者の責任でやるべきことです。民主主義、住民自治の原則からすれば、この「三条件」だけで、県民投票を行うべきか否かを決めることはできないと思います。

吉田　「三条件」が揃わなくても県民投票はできる、という主張が県民にわかりやすく伝わっているでしょうか。

山中　私がこの問題について知事に何度も質問していますが、同じ答弁が繰り返されるだけです。知事は県民投票を行うべきかどうかについて明言されませんでしたが、少なくとも県民投票条例案を否定しませんでした。その点は評価できます。

しかし、同じ発言をずっと繰り返すだけでは、県民が知事を信頼することはできないのではないでしょうか。

吉田　そうだとしても、この「三条件」をクリアしなければ、県民投票をする時期ではないという問題は残ります。
江尻　私は県民投票に賛成する立場ですが、逆の立場で、反対する理由は何かを考えていくと、時期尚早ということに行き着きます。ただし、「いばらき原発県民投票の会」の皆さんが作った条例案には、あえて時期を定めずに、「知事が再稼働の是非を判断するまでの期間で、知事が決める」と定めた条文があります。これが大きな鍵です。この一文がある限り、時期の問題では否決できないと考えていました。
　しかし、逆に、今度は時期が不明確だという点を理由に、条例案を否決してきたんですね。要するに、否決ありきの議論になってしまった。それでは最終的に、もしこの「三条件」が揃ったら、県民投票を本当に実施するのでしょうか。それもわからないですよね。
吉田　二〇二二年の一二月に、安全対策工事が完了する予定なので、それも踏まえて避難計画も作られます。そのため、県民投票を実施するとすれば二〇二三年以降になるということが論じられています。

会場からの意見、それに対するコメント

徳田　なかなか議論が噛み合わず、難しいですね。時間も限られてきました。本日のテーマである、審議を経て、私たち県民は何を得たのか、県民投票を求める私たちの活動はどのように総括できるか、そして、それをどのように活かし、バトンをつないでいくのかについて、考えていきたいと思います。

　会場の方々から、たくさんご意見をいただきました。いくつかご紹介させていただき、それに対してゲストの方々からコメントをいただきます。

「条例案が否決された以上、何も得られなかったのではないか」

「五人の議員の方が賛成されたことに、茨城の新しい未来を確信した」

「県民一人ひとりが自分のこととして考えるきっ

かけができたのではないか」（多数）

「議会の問題にいろいろ気づいたので、市民が力をつけていくための、市民運動センターのような組織があるといいのではないか」

「このままでは終わらせられない」

「民主主義の国に住む住民として、当事者意識が増した」

「県議会の現状を知ることができた。現状を知ることが最初の一歩」

「活動を通じて、人と人とのつながり、県民のネットワークができたのが大きな収穫」

「皆それぞれ立場や思いは違うけれども、大きな目標に到達するにはゆるく、長くつながっていくことが大切なのではないか」

会場の方々からいただいたこのようなご意見について、ゲストの方にコメントいただけますでしょうか。

鹿野　今回明らかになったのは、「道理は私たちにある」ということです。反対派の議員の主張は、逃げやごまかしばかりだったのではないでしょうか。徳田さんを中心に、「いばらき原発県民投票の会」で理論武装をして、「三条件」の論理は成り立たないことなどについて、しっかりと反論ができていたと思います。

しかし一方で、議会では道理が通るとは限らないという現実を突きつけられました。道理をどう通していくのかは簡単に答えが出るような問題ではありませんが、これから考えていかなければいけないと思います。

県議会の審議では条例案が否決されましたが、東海第二原発の再稼働の賛否の判断に県民の意見をどう反映させていくのかについては、その際に県民投票を行うべきなのかどうかも含めて、一つの社会課題として継続的に議論されるべきでしょう。

バトンをつなぐということについては、今後、いかに自分たちが自分たちにバトンをつないでいけるか。他府県で県民投票運動が起こった時に、今回の経験がその助けになるかもしれませんが、それよりはまず、自分たちがこれからどうしていくのかを模索していくことが大事だと思います。

それから、今回の「いばらき原発県民投票の会」の、とくにオンライン・イベントを通じて、静岡や新潟、宮城、原発関係以外でも沖縄と、大きなつながりを持つことができました。住民の声を政策に反映させていくという大きな動きを、全国的に作っていくことができれば嬉しいです。

中村　静岡で直接請求活動が行われたのは、福島第一原発事故の翌年の二〇一二年でした。ですから、自然発生的に、すごく大衆的なエネルギーが生まれる中で活動しました。

しかし一方で、いろんな人がいろんな思惑で参加していました。原発反対運動に利用したい人や、自分の選挙活動に活かしたい人など、「県民の意思を明らかにしたい」という直接請求活動が掲げた大義とは別の思惑で動く人がいたのも事実です。そうした中で、全体としての意見を集約するのがものすごく難しかったんですね。今回の徳田さんの意見陳述の内容は、皆で一緒に考えて作ったと伺い、とても素晴らしいことだと思いました。静岡での意見陳述の際は、恥ずかしながら、私を含めた五人の請求代表者意見がバラバラで、正直論理が矛盾している点もありました(苦笑)。

それに対して、今回の茨城の皆さんの運動はとても理性的で、茨城県内だけでなく、全国各地のこれからの住民運動のモデルとなり得るものだと思います。

また、今後原発再稼働の申請が出されて、知事や県議会の判断が求められることになると、状況が変わってきます。その時に県民がまとまって対応できるようにするためにも、「いばらき原発県民投票の会」の活動を緩やかに継続していって、その中で賛同してくれる人が徐々にでも増えていってくれたらいいなと期待しております。

徳田　会場からいただいた声をもう少しご紹介します。

「一人ひとりの声が、決して小さな声ではないということがわかった」

「今回の署名活動を通じて、勇気をもって話しかけたことで、これまで話しづらかった原発のことを話すことができた。自分は無力ではないと実感した」

「条例案に反対した議員にこそ、時間をかけてアプローチして、仲間になれるように話し合うべきだ」いただいた貴重なコメントは、大切にお預かりし、今後の活動に活かしてまいります。最後に議員の皆さんから、コメントをいただきたいと思います。

玉造　茨城で県を単位に、県民投票条例案の直接請求ができたのは、素晴らしいことだと思います。地方自治は「民主主義の学校」と譬えられますが、地方自治法が制定されてから七〇年以上経つのに、いつまでも「学校」でいてはどうしようもないと思います。民主主義の実践を進めていくために、今回の県民投票条例案が、皆さんの熱意でまとめられたことは、県政にとって画期的なことでした。

県民投票を仕掛ける側も、受けて立つ側も、この期間にいろいろな学びがあって、先送りしたいと考える人もいるでしょうが、一般質問であれをやれ、これをやれと言うだけではなく、住民の請求を受けて、執行部に対して方針を作るのが、議決機関としての本来の議会の役割だと思います。各会派の共通課題である、東海第二原発についてしっかりと県民に情報を提供することを、力を合わせて実現していきたいです。

政党としては、主権者たる県民の声が政策に反映されるように、二〇二一年の知事選、二〇二二年の県議選では、しっかり対立軸を出して、東海第二原発の再稼働の問題も争点化できるように努めていきたいと思います。

江尻　今回、民意と県議会の間に、大きなギャップがあることが明らかになりました。ただ、県民の声を聞くということについては、どの議員も否定できない段階まで来ました。県民というのは、茨城で暮らす生活者、子どもも含めてこれからの世代の人たちのことです。その声を、本当に県議会に反映することができるかが課題です。

この「いばらき原発県民投票の会」の運動が、県内の中高生の心にも響いています。コロナ禍で学校が休みになった期間に、中高生も自分たちで署名を集めて、知事に提出し、県議会の私たちにも手紙が届けられました。こういう皆さんの活動が、子どもたちにも広がっていきました。

二〇二一年八月には茨城県知事選挙があります。今回、知事は県民投票について賛否を示しませんでしたが、二〇二一年の選挙に向けて、県民の声を受けて、知事がもう一歩突っ込んだ意見をきちんと表明できるのかどうかは、世論やこの運動次第ではないでしょうか。保守的な県議会と言われ、日本で初めて原子力発電が行われたこの茨城で、これだけの直接請求が実現できたのは、画期的なことだったと思います。

原発の安全協定も、県と村にしかなかったものが、全国で初めて六市村に拡大されたのも、世論の力です。茨城のどこに住んでいたとしても、自分のことだと受け止める。原発から三〇キロで境界線が引かれ、その外側は関係ないといって済む話ではないからです。一人ひとりの議員が、党議拘束を外して、自分の住んでいる地域の住民の声を代弁できる者として、責任を果たしていくことが必要だと思っています。

山中　皆さんの声を聞けば聞くほど、それぞれの場所で、いろいろと議論を積み重ねながら、ここまで来たんだなということを実感します。私はもちろん、原発の再稼働に反対です。私は福島出身ですが、震災で県外に避難して、今も福島に帰れない人たちがいます。自分の故郷がなくなってしまう、なくされてしまったという思いは、非常に大きなものがあると思います。そういう話を聞くにつけても、やはり原発を再稼働させてはいけないと改めて強く感じます。福島県議会では、原発事故を繰り返してはならない、再稼働してはならないという決意のもと、廃炉に向けた取り組みが進められています。

今回、署名された方も署名されなかった方も含めて、たいへん多くの方々が県民投票の問題に関心を持っていることがわかりました。私自身もこの問題をしっかりと受け止め、皆さんと新たな一歩を踏み出していければいいと思います。今後ともよろしくお願いいたします。

茨城県政史における意義

徳田　茨城県議会にとっても、今回の直接請求はあまり例がないことでした。最後に、その点について、玉造議員からご説明いただけますでしょうか（図25）。

玉造　茨城県政史上、今回の県民の直接請求は、一九七二年以来二回目のことです。一九七二年に茨城県で直接請求が起きたことを報じる新聞記事があります（『茨城新聞』、一九七二年一二月一四日付、朝刊三面）。当時、社会党と県労連が、三歳児以下の乳幼児医療費無料化の条例制定を求めて、直接請求を行いました。その記事によれば、この結果は、社会党、公明党、共産党の計七人が賛成、一方で圧倒的多数の自民党の反対で否決されたといいます。

　また、この年は、東海第二原発の新設が政府の原子力委員会で認可された年でもあり、いみじくもこの直接請求が審議された県議会定例会では、東海第二原発の是非をめぐって建設反対の社会党が岩上知事に容認撤回を厳しく迫ったときでもあります。前回は社会党・総評全盛期に、県内の組織を挙げて取り組んだ直接請求だったことが窺えます。

　今回は、組織がない中で、皆さんが県民運動とし

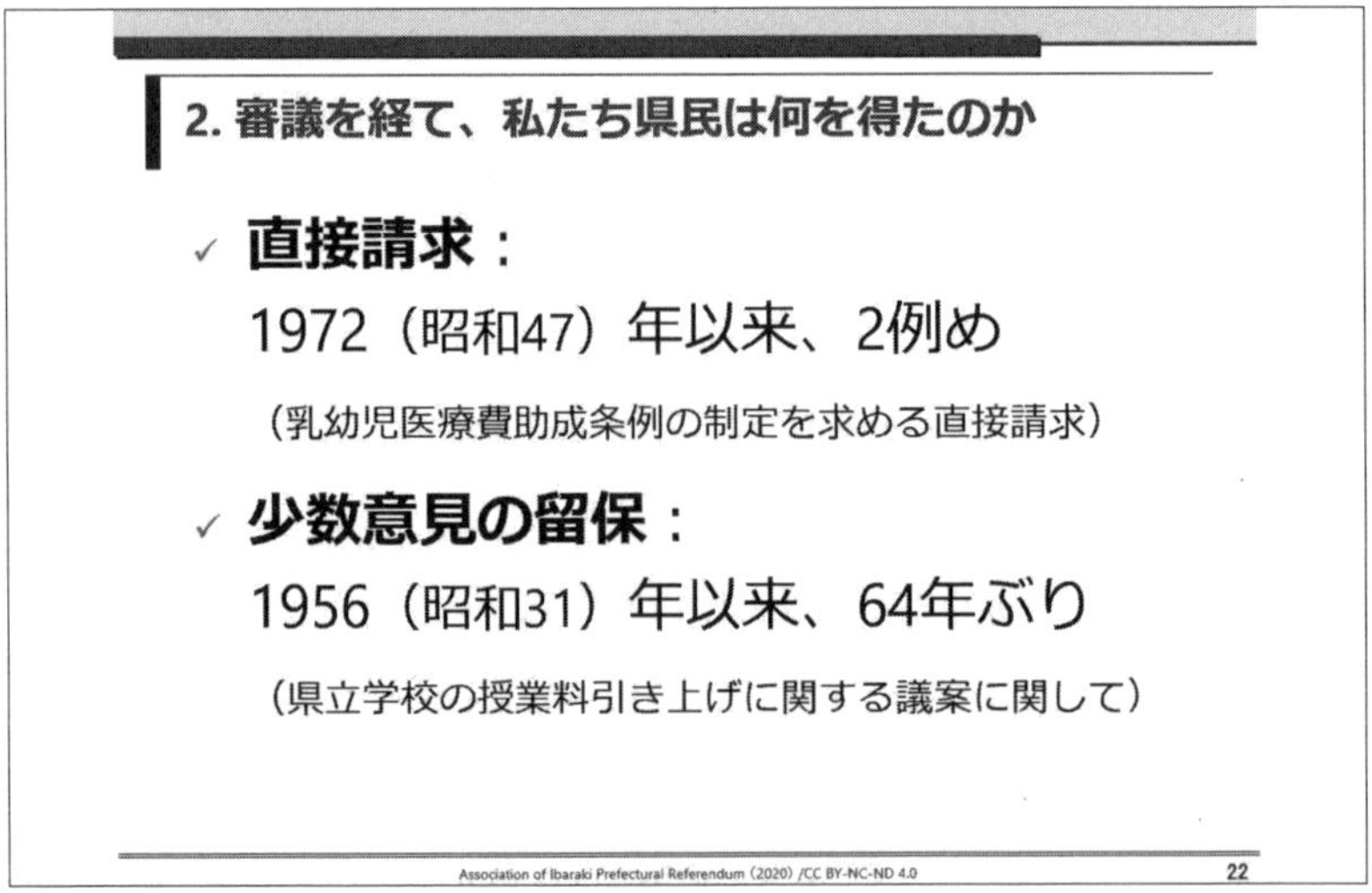

2. 審議を経て、私たち県民は何を得たのか

✓ **直接請求：**

1972（昭和47）年以来、2例め

（乳幼児医療費助成条例の制定を求める直接請求）

✓ **少数意見の留保：**

1956（昭和31）年以来、64年ぶり

（県立学校の授業料引き上げに関する議案に関して）

22

図 25

て活動されています。

さらに、江尻議員が継続審査の動議を出し、無所属の中村はやと県議がこれに賛成しました。それと同時に、中村県議が少数意見の留保を提案し、これに江尻議員が賛成して、少数意見の留保が成立しました。委員会で廃棄された少数意見も委員一人以上の賛成で留保できると、茨城県議会会議規則に定められています（第七十六条）。これに基づく措置は一九五六年に行なわれて以来、六四年ぶりです。これは、市町村や他の都道府県の議会では、たまに起こります。県議会の議事録には、少数意見の留保がない場合、議案が否決されましたと書かれるだけです。一方で、少数意見の留保がある場合は、本会議の中でその意見（条例案に賛成する理由）が読み上げられ、委員会で審議されたことが、議事録に残るんですね。

徳田　ありがとうございます。県民投票を求める活動がどう総括できるのかについて、吉田先生からも一言お願いいたします。

吉田　玉造議員がおっしゃられた、「少数意見の留保」はすごく大事なことであり、私もその流れを見ていてとても感銘を受けました。江尻議員はどのように進められたのですか。議会事務局か何かのフォローはありましたか。

江尻　中村議員と相談しながら、自分たちで進めました。議会事務局からはそんなことをしなくていいと言われましたね。

吉田　この会で私に求められたのは、「仮想敵」の立場でしたので、条例案賛成派の方々を批判しているわけではありません。片方の意見だけでは、議論が固まってしまうので、議論を深める意味でいろいろと質問させていただきました。

六月と九月の県議会の間に、議員の方々に、県民が議論するような場を作っていただければよかったのではないかと思います。超党派の委員会が設置できないのであれば、勉強会を作っていただきたいです。その際は、必要であれば私もその勉強会に参加して協力したいと思います。

メディアでも各会派のいろんな意見が取り上げられました。また、先ほどの資料を大学の講義で紹介すると、学生もいろいろな意見を出してくれました。このような意見の対立があること自体、県民は詳しく知りません。それが白日の下に晒されたという意味で、今回の活動には大きな意義があったと思います。

一九九六年に新潟県の巻町(現在の新潟市西蒲区)で、原発の建設に関する住民投票が行われ、投票者の六割以上が反対し、それにより原発建設は中止となりました。その後の新潟日報のアンケートでは、「住民投票をやってよかった」と回答する住民の割合が七割を超え、実施に反対していた自民党支持者も五三%が実施を評価したと報告されています。それほど住民投票、県民投票を実施する意味は大きいということです。この県民投票条例案について、本日参加された三人の県議の方だけでなく、県議会全体で議論していく方向につなげることが、これからの課題だと思います。

平方　ゲストの方々、ありがとうございます。最後に、「いばらき原発県民投票の会」共同代表の姜咲知子さんより、閉会のご挨拶をいただきます。

姜　本日は、県民の皆さん、県民投票の会を運営してきた方々、県議会の議員の方々、県外の方々も応援に来てくださり、またオンラインの形でもこのシンポジウムを見守っていただき、誠にありがとうございます。私たちの直接請求は、残念ながら否決されましたが、皆さんが口々におっしゃっていたように、私たちはいろいろな人とつながることができ、多くのものを得ました。今回の運動で得たものを、県民一人ひとりが次のバトンにつなげていければいいと思います。

平方　皆様、本日はどうもありがとうございました。

4　いばらき原発県民投票条例の県議会審議が露呈した代表制民主主義の諸問題

徳田 太郎＋佐藤 嘉幸

二〇一一年に起きた福島第一原発事故後、原発再稼働について国内で様々な議論が行われてきた。原発再稼働の是非を県民投票で直接問おうとした「いばらき原発県民投票の会」による署名活動も、そうした動きの一つであった。結果、「県民投票条例」制定を求める直接請求は県議会で否決された。県議会審議の問題点はどこにあるのか。同会共同代表・徳田太郎氏と筑波大学准教授・佐藤嘉幸氏に対談してもらった。

（『週刊読書人』編集部）

佐藤　いばらき原発県民投票の会は、法定署名数の約一・八倍に当たる八万六七〇三筆に及ぶ茨城県民の署名を得て、五月二五日、「東海第二発電所の再稼働の賛否を問う県民投票条例」（茨城県東海村にある東海第二原発の再稼動の是非を、茨城県民が直接投票で決めようという条例）の制定を求める直接請求を茨城県に行いました。しかし、県議会はこの条例案を、短期間の審議であっさりと廃案にしました。県議会での審議は、様々な意味で問題がある不合理なものでした。その不合理さについて、徳田太郎さんと分析していきたいと思います。徳田さんは、条例案の請求代表者として、本会議での意見陳述や、委員会審査での参考人質疑に臨まれました。

知事意見の問題点

佐藤　知事は、直接請求された条例案を議会に提出する際、条例案について自らの意見を付さなければなりません。今回の大井川和彦知事の意見は、条例案に賛成か反対かわからない、極めて不明確なもの

写真１　共同代表（右側３人）から茨城県議会に提出された、８万 6703 筆の署名（茨城県庁、2020 年 5 月 25 日）

でした。関係する部分のみを引用します。「県としては、東海第二発電所の再稼働の是非については、まずは、安全性の検証と実効性ある避難計画の策定に取り組み、県民に情報提供したうえで、県民や、避難計画を策定する市町村、並びに県議会の意見を伺いながら判断していくこととしているが、その意見を聴く方法については、本条例案の県民投票を含め様々な方法があることから、慎重に検討していく必要があると考えている」。このように知事意見は、県民投票について「慎重に検討していく」以上のことを述べていません。しかも知事は、この意見を本会議で口頭では表明せず、議員に文書で配布して終わりにしました。この点も、本会議を傍聴していた私には非常に不可解でした。私の目には、知事のこうした態度は、実質的に条例案を黙殺し、議会に判断を丸投げするもののように映りました。

徳田　事前の議会事務局からの説明では、知事が口頭で意見をおっしゃるとのことでした。私はその直後に意見陳述をすることになっていたので、控室のモニターで見ていたのですが、結局はそれがないまま終わってしまったので、あわてて上着を着て議場に向かったのを覚えています。

開会の直前に議案書を受け取ったのですが、本当に受け止めが難しかったですね。地方自治法の逐条解説では、賛否を明確にすることが求められているのですが、いくら読んでも賛成か反対かが分からない。その時には「明確な反対ではない」ということで、ありがたい部分もあったのですが、その後の審議では、結局はそこが大きな問題になってしまいました。

佐藤　大井川知事の態度の不明確さは、他県における原発県民投票条例案への知事意見と比較しても明確だと思います。まず、静岡県の条例案に対する知事意見（二〇一二年九月）は、条例案の問題点を列挙しつつも、明確に賛意を表明しています。新潟県の条例案に対する知事意見（二〇一三年一月）は、条例案の問題点を列挙しつつも、修正案を議論するよう議会に促しています。宮城県の条例案に対する知事意見（二〇一九年二月）は、賛否を明確に示さない内容とされますが、エネルギー政策は国策であるという観点から反対の論調が色濃いものです。

徳田　宮城の知事意見に対しては、その後の代表質問・一般質問で、議員から再三にわたって真意を問う質問があり、知事自身は「賛否を明らかにした場合、それが県議会における議論の方向性に大きな影響を及ぼし、多様な観点からの議論に制約を与えるものではないかという懸念があったことから、あえて賛否を示さないことにした」と述べているので、あくまでも本人の意識としては、賛否を明確にしていないのだと思います。重要なのは、茨城においては宮城以上に賛否が不明確であるにもかかわらず、その後、議会できちんと追及がなされなかったことだと思います。その点、ある意味で知事と議会は共犯関係にあり、大きな問題だと思います。

県議会審議の問題点

佐藤　次に、県議会での審議の問題点について考えたいと思います。まず、茨城県議会での審議日程は、他県の事例と比べて極めて短いものでした。

写真２　署名提出後に記者会見する共同代表３人
（左から、鵜澤、徳田、姜）（茨城県庁、2020 年５月 25 日）

徳田　過去の事例の中では、明らかに宮城の審議方法をベースにしています。連合審査会での一日での審査のみで、かつその日のうちに採決するという方法ですね。東京・静岡・新潟では複数日程にわたる委員会審査をしています。では宮城との違いはどこにあるかというと、本会議での審議です。宮城では、代表質問・一般質問で、二〇名中一〇名が条例案に関する質問をしていますが、茨城では九名中わずか一名にとどまっています。

佐藤　委員会審査については、まず参考人の適格性とその議論に大きな問題があったと思います。原発県民投票条例案の審査の参考人として一般的に考えられるのは、住民投票、地方自治の専門家ですが、実際には参考人として資源エネルギー庁、原子力規制庁から五人の役人が呼ばれ、一時間にわたる意見聴取と質疑が行われました。こうした人選は、県議会側が「エネルギー政策は国策である」という方針に基づいて行ったように思われ、大きな問題です。

審査の中でエネルギー庁の役人は、「エネルギー政策は国策であり、国としては東海第二原発の再稼動を望んでいる」（議事録を正確に引用すれば、国民民主党（県民フォーラム）の設楽詠美子議員による、「国のほうの想定としては、東海第二原子力発電所も含めて、再稼働を望んでいるという姿勢でいるという理解でよろしいのですか」という再稼動を要望するかのような質問に対して、「私ども、基本的には、原子力規制委員会によって安全審査を合格したもの、規制基準をクリアしたものについては、当然、御地元の理解を得るということも必要ですし、また、しっかりとした避難計画をつくるということも含めてですけれども、再稼働していくというのが、エネルギー基本計画に沿った方針ということでございます」）と述べましたが、「再稼動について決めるのは県民である」という趣旨の県民投票条例案を審議しているわけですから、この議論は越権的で問題です。規制庁の役人は、「原発の一〇〇％の安全は断言できないが、規制基準は福島原発事故以前よりはるかに厳しくなり、安全性も高まった」（議事録を正確に引用すれば、「絶対的な安全はないというのが我々の前提で、リスクは決してゼロにならないという立場に立っておりまして、そこを誤解されないように、安全とは言わないという表現をとっておりますが、当然、福島事故前から比べると、基準を相当強化して、安全性が高まっているのは事実でございます」）と述べましたが、日本共産党の江尻加那議員から「県民投票という機会を作るかどうかについて、規制庁は特にご意見は述べられない、言う立場にないということでしょうか」と問われて、「はい、そのように認識しております」と答えました。規制庁が原発県民投票について何の意見も持っていないなら、なぜ規制庁の役人が三人も原発県民投票条例案の審査の参考人として呼ばれているのかまったく理解できません。彼らの意見は、「東海第二原発は再稼働すべき」、「原発の安全性は福島原発事故を受けてはるかに向上した」と、いずれも露骨に原子力ムラの論理を主張するもので、県民投票条例案の審査には必要のない議論ばかりでした。また、避難計画、自然エネルギー時代における原発の必要性、原発の出す核廃棄物の累積と未来世代への責任についても論じていません。これらはすべて県民投票の主題になり得ます。

徳田　この人選については、議会事務局から内示があった際に、強く異議を表明しました。一つは、政策決定のあり方に関する議案であるにもかかわらず、原子力政策・エネルギー政策に関する参考人であるということ、そしてもう一つは、県の意思決定に関する議案であるにもかかわらず、国の機関から参考人を招いているということ。しかし、「議長の強い意向」とのことで、覆ることはありませんでした。

他の参考人についても述べておきます。山田修・東海村長は、「県民投票条例案について」とのテーマで招致されていたにもかかわらず、冒頭で「今回の県民投票条例案に対する意見を申し上げることは差し控えたい」と発言するなど、適格性という点では問題があったと思います。

佐藤　基礎自治体の首長を参考人として呼ぶなら、東海第二原発の立地自治体である東海村長のみでなく、原発三〇キロ圏内に位置し、合わせて四三万人近い大きな人口を抱え、避難計画を策定しなければならない水戸市、ひたちなか市の首長も呼ぶべきでした。

徳田　茨城大学・古屋等教授の言動に関しても、大きく二点を指摘したいと思います。一つは、投票期日に関してです。静岡・新潟では、投票期日が「明記されている」ことから否決理由が導かれていました。時期が近すぎて適切な準備ができないというのがその理由です。しかし、古屋教授が作成した資料の「都道府県における住民投票条例の否決理由」には、この点が記載されていませんでした。私たちの条例案は、適切な投票期日を知事が選べるようにするため、期日を「条例の制定から何日以内」などの形で規定していない点に大きな特徴があり、かつこの点が委員会審査でも争点となったことも考えれば、この資料は不適切であったといえるでしょう。

もう一つは、成立要件に関してです。条例案で絶対得票率による成立要件を設けていることの妥当性を問われた際、二〇一九年沖縄県での「辺野古米軍基地建設のための埋め立ての賛否を問う県民投票」で執行例があるにもかかわらず、「他の法令等の規定等を参考にされて規定されたと思うが、根拠は私もはかりかねるところがあり、答弁できない」と発言しました。確かに行政法がご専門なのでしょうが、少なくとも住民投票に関しては専門でないということが露呈しており、適格性には疑問符がつくと思います。

各政党の主張の不合理さ

徳田　委員会審査では、参考人からの意見聴取と質疑を終えて、二〇分後には各会派からの意見表明が行われました。当然その間に会派内の意見を取りまとめて文章にするということは考えられないわけで、事前に用意していたものを読むわけです。ですので、連合審査会での議論は反映されておらず、それでも一部についてはなんとかつじつまを合わせようと部分的に修正したことで、矛盾する主張が同居したりして、よくわからない意見となってしまっていました。

佐藤　まず、いばらき自民党の主張から検討したいと思います。自民党は、次の理由から県民投票条例案に反対しました。県民投票条例案には投票の時期が明示されていない。知事意見によれば、原発の安全性の検証、避難計画策定、それらに関する県民への情報提供、の三つの条件が揃わなければ県民投票はできない。それらの条件が揃うのは東海第二原発の事故対策工事が終わる二〇二二年一二月以降であり、いま県民投票条例を可決すれば、二〇二二年に改選される未来の県議会議員の行動を束縛することになるので、可決は不適切である、というものです。

徳田　どこから突っ込めばいいのか、というくらい意味不明な議論ですよね（笑）。まず、「知事のこれまでの発言を踏まえれば、（再稼働の賛否を問う時期は）条件が整わない限り判断されないものと推察される」というのですが、議会として知事に確認すべきことを「推察」で語り、かつそれを理由とするのは、端的に議会の不作為です。また、「現在の議員の任期中に県民投票は行われず、次の任期の議会の判断を縛ることになる」というのですが、議会構成が変わるごとに条例がすべて改正されるという法が存在しない以上、「現在の議員の任期中に」制定した条例が「次の任期の議会」に効果を及ぼすのは当然のことです。そして、条例に基づく住民投票の結果には法的拘束力がないにもかかわらず、こういうときだけ「判断を縛る」などとするのも恣意的です。仮に「条件が整わない以上、県民投票は実施できない」というところまでは認めたとしても、それは継続審査の理由にはなり得ても、否決の理由にはならないですね。

日本原電は、従来、再稼働に向けた事故対策工事について「二〇二一年三月までに終了したい」としていました。工事完了の予定時期が二〇二二年一二月にずれこむことを発表したのは、二〇二〇年一月二八日です。一方で、私たちの署名収集活動は、一月六日に開始しているんですね。直接請求の手続きは、一度開始したら中断することも延期することもできません。工事完了が一年九ヵ月後ろにずれたからといって、止めることはできない。「そんな先のことを……」と言われるのは、請求者としてはやりきれない思いがあります。

佐藤　私は、自民党の提起した「三条件」の議論を聞いて、次のように思いました。第一に、東海第二原発の事故対策工事が完了してから県民投票が行われれば、県民投票の結果がどう出ようと、「もう工事は完了したのだから再稼動の方針を変えることはできない」として再稼動を覆すことができない恐れがあります。第二に、避難計画の策定が終わるまで県民投票はできないというのですが、避難計画は、原発周辺三〇キロ圏内の一〇〇万人近くの人口を避難させることの困難さから策定が難航しており、福島第一原発事故から十年近くが経過してもまだ避難計画が策定されていないことが、逆に県民投票実施時の大きな判断材料になり得ます。第三に、県民への情報提供がなされるまで県民投票はできないとのことですが、情報提供がなされていないのは、これまで限られた情報しか公開してこなかった県知事、自ら真剣な議論を行ってこなかった県議会の責任であり、自らの不作為を条例案否決の理由にするのは不合理な話です。そもそも、二〇二二年一二月以降の県民投票実施が遅すぎるというのであれば、議会の改選前に県民投票を行うよう、議会と知事が主体的に時期を調整すればよいのではないでしょうか。

　この主張は、自民党のもう一つの主張とセットになっていました。それは、エネルギー政策は国策であり、また、県民投票の結果によって民間企業（日本原電）の事業を制約すれば賠償の可能性もある、という主張です。しかし、これは経産省と電力会社の利害、つまり原子力ムラの利害しか代弁しておらず、県民の利害を代弁しているとは言えません。

　次に、国民民主党（県民フォーラム）の出した論点です。自民党と同じく、県民投票の結果が民間企業の事業を制限し得るため不適切であり、条例案に反対、という論点です。

徳田　「民間企業の事業運営に著しい制限をかけることになり得る」のは、東海第二原発再稼動への県の同意権に由来するものですね。県民投票の実施とも、ましてや県民投票条例の制定とも、直接の因果関係はないわけで、これも理由になっていません。

佐藤　これは、原発メーカーである日立グループ労組から選出された議員を五人中三人も抱える会派として、露骨すぎるほど原発メーカーと電力会社（日本原電）の利害を主張する議論であり、やはり県民の利害を代弁しているとは言えません。労組選出の議員が自己利益にのみ拘泥して、より広い県民の利害を考えなければ、県民に見放されてしまうでしょう。脱原発を決めたドイツでは、電力会社が財産権の侵害に当たると損害賠償を求める訴訟を起こしましたが、ドイツ政府は大きな意味での国民の利害を代表して、着々と脱原発の政策を進めています。

　国民民主党と自民党は、原発立地自治体の「地域性」（国民民主党）、「一票の格差」（自民党）も問題だと主張しました。これは趣旨の不明確な議論でしたが、推し量るなら、「住民投票を県単位で行えば、結果が県内の特定の地域性、つまり、東海村にあるような原発推進の意見を反映できなくなる恐れがある」という意味だと考えられます。

徳田　参考人質疑の際に「一票の格差をどう捉えるか」と問われて、最初はまったく意味が分かりませんでした。ただ、文脈から判断すると、通常の「一票の格差」の問題ではなく、例えば三〇キロ圏内の自治体の住民の一票と、遠く離れた自治体の住民の一票が同等に扱われてよいのか、端的に言えば「一票に格差をつけるべき」という議論なのかと理解しました。しかし、県と六市村の計七自治体が等しく再稼動に同意・不同意を表明する権限を持っており、その中の一つである「県の同意権」に私たちは着目しているのですから、逆に県民すべてが等しく一票を投じることができるようにすることが重要になるわけです。他の六市村が、基礎自治体単位で住民投票を実施することを排除するわけではありませんし、県民投票を実施すれば、基礎自治体単位の結果も分かるわけですから、例えば東海村長が、村民の投票結果を独自に解釈して判断することも可能になるわけです。そのように県民投票を使うこともできるわけで、反対の理由にはならないと思います。

佐藤　最後の論点です。国民民主党と公明党は、県民投票の正当性を確保するために条例案に投票率要件を定めるべきだが、これがなされていないので問題だ、という議論を提起しました。

徳田　条例案では第十八条に「県民投票において、有効投票総数の過半数の結果が、投票資格者総数の四分の一以上に達したときは、知事及び県議会は投票結果を尊重するものとする」と規定しています。つまり、絶対得票率によって成立要件を設けています。一方で「県民投票の結果は、間接民主主義における議会と長の議論に大きな制限がかけられてしまう懸念がある」と、政治的拘束力にさえ懸念を示しておきながら、他方では投票結果に法的拘束力に相当するような正当性を求めるような矛盾した議論が、平気で展開されているのです。

佐藤　第十八条は、徳田さんが参考人質疑で指摘されたように、投票率五〇％の場合に五〇％以上の得票を得た選択肢が有効となる、と考えて作られた規定で、二〇一九年沖縄県の県民投票でも実際に執行されましたが、県民投票の正当性について疑義は呈されませんでした。県議会は、こうした過去の事例も踏まえて合理的な議論を行うべきですね。

徳田　茨城県議会は七割以上の議席をいばらき自民党が占めており、緊張感を欠く状態が続いていたのだと思います。それを端的に示すのが、委員会採決後の、白田信夫・いばらき自民党議員会長による「廃案になってよかった」発言です。本会議での採決が行われていない段階での「廃案」発言は、国政レベルであれば野党の審議拒否で国会が止まるくらいの大問題です。また、同じくいばらき自民党のある県議は、自身のブログで「請願は否決となりました」と記していました。おそらく、直接請求に基づく議案と、請願との区別が、本当についていないのだと思います。なにしろ、茨城県では四七年ぶり二回目の直接請求だったのですから。

民主主義とは何か、県民投票運動によって得られたものは何か

佐藤　ここまでの議論から、間接＝代表制民主主義（首長、議会）と直接民主主義（住民による直接請求）の乖離、矛盾という根本的な問題点が浮かび上がってきます。

第一に、県議会での住民投票条例に関する議論を振り返ってみれば、いばらき自民党、国民民主党（県民フォーラム）、公明党の主要三会派のどの議員も住民意思を代弁していない、という事実が明らかになりました。これは、民主主義とは住民意思を政治に反映させるシステムである、という根本原理に反する最大の問題です。いばらき自民党は、経産省や電力会社、原発メーカーを中心とする原子力ムラ、そして原発再稼働は必要だとする自民党本部の意向を代弁するだけで、直接民主主義の回路から上がってきた住民投票の要求、すなわち地域住民の意思をいささかも考慮しませんでした。また、国民民主党（県民フォーラム）は、日立や原電といった原発メーカーと電力会社、すなわち原子力ムラの利害を代弁し、こちらも住民意思を考慮することは一切ありませんでした（それどころか、労働組合の代表が企業の自己利益しか代弁しないという最悪の結果に陥っています。労働組合はむしろ、長期的視点に立って社会全体を構想する「社会的労働組合」という立場を取ってほしいと思います）。さらに、公明党は連立与党として自民党に配慮して、住民意思の確認は必要だがその手段は県民投票ではなく住民アンケートで良いという、県民投票の前提である熟議を無視した倒錯的論理を展開しただけでなく、最終的に本会議での意見表明を辞退しました。住民意思とは無関係な、原子力ムラの利害を代弁する議員たちが住民による直接請求を審査すれば、直接請求が否決されることは火を見るより明らかなことです。そして、住民意思と乖離した政治は、民主主義としての正当性を失います。この点は最も大きな問題です。

第二に、住民は、議会や首長（間接＝代表制民主主義のシステム）がある問題を議論していない、あるいはその議論の方向性が住民意思とは異なる、従って「この問題を議会には任せておけない」（多くの住民が、今回の住民投票運動の中でこう述べていました）という理由で、直接民主主義の回路から住民投票を提起するわけですが、それが当の議会によって審査されるシステムになっているため、直接請求が容易に否決されてしまう、という問題点です。ここから考えれば、ある要件を満たせば議会による審査なく住民投票が実施される、というシステムに制度を改めるべきだという結論が出てきます。例えば、「住民投票立法フォーラム」がそうした試案を公表しています（http://www.ref-info.net/ju/shian.html）。

徳田　直接民主主義的な手法としては、レファレンダム、イニシアチブ、リコールの三つが代表的ですが、わが国では、レファレンダム（住民による直接投票）のためには条例の制定が必要で、議会が壁になっています。また、イニシアチブ（住民による条例発案）は、諸外国のような制度、つまり必要署名数が確保されれば議会を通さずに条例案が直接投票に付される（または議会で採択されればそのまま条例となり、採択されなければ直接投票に付される）という形にはなっておらず、これまた議会が壁になっている。いずれは諸外国のような制度が定着することを信じていますが、現時点では全国各地でたいへんな苦労を強いられており、根本的なシステム上のエラーがあると思います。

常設型の住民投票条例を設けようという動きもありますが、必要署名数などでかなり高いハードルを設けている事例などもあり、それはそれで問題だと思います。

佐藤　あまり高すぎるハードルを設定せず、かつ議会が障壁になることなく住民投票が行われるようなシステムを構築すべきですね。間接＝代表制民主主義と直接民主主義の回路が対立して、直接民主主義の回路が圧殺されることがないような、民主主義のシステム再構築が必要です。

日本の原子力政策の根本的な問題点についても指摘しておきたいと思います。日本の原子力政策は経産省によってほぼ一元的に立案されており、電力会社のような利害関係者もその過程に加わっています。官僚機構の政策立案過程は選挙では介入できないブラックボックスであり、世論や住民意思が介入する余地はありません。その上、今回のように原発立地県の住民意思を問う試みも議会によって圧殺されるとすれば、民主主義とは果たして何なのか。また、県政与党と野党第一党が、いずれも経産省、原発メーカー、電力会社のような原子力ムラの利害しか代弁しておらず、県民の利害を代表していないとすれば、代表制民主主義とはいったい何なのか。そうした根本的な疑問が湧いてきます。

徳田　このような話で必ず反論として出てくるのが、「そういう議員を選んでいるのだから、そこに民意がある」という議論です。しかし、選挙はワン・イシューで争われるわけではないので、民意を完全に反映したものにはなり得ない。だからこそ、時と場合に応じて「ヒト」ではなく「コト」を問う住民投票を行うことがあってよいのだと思います。

最後に、県民投票運動によって得られたものは何かを考えておきたいと思います。今回の件をきっかけに、県民の間で県議会への関心が高まりました。私の周囲でも、初めて傍聴した、中継を見たという方が多数いらっしゃいます。多くの人が関心を持つことが監視機能につながり、審議に緊張感が生まれることが期待できるのではないでしょうか。

また、議会の機能不全に対して直接投票という手法がある、という期待から署名された方が多いのですが、それが議会で否決されるという矛盾に直面したわけで、根本的なシステムへの違和感も相当に高まったと思います。これを、システム自体の見直しという大きな運動につなげていきたいと思います。
今回、これまでの他都県での取り組みに大いに学ばせていただきました。条例案一つとっても、苦労してつくったものの様々な不備を指摘されてきた。しかしそれらを踏まえて、今回、かなり精度の高い条例案になったと思っています。だからこそ、意味不明な理由でしか否決できなかったのだともいえるでしょう。ですので、このバトンをしっかりと渡していきたいと思います。

佐藤　今回の県民投票条例案の否決は大変残念ですが、住民たちは今後も、議会や県知事が東海第二原発の再稼動に向けて何をなし、何をなさないかを注意深く監視し続けると思いますし、県の態度によってはまた何らかの運動を提起するかもしれません。また県側も、今回の住民投票運動を受けて、「再稼動判断に際しては住民の声を聞くべき」という住民意思を改めて痛切に認識したと思います（県民投票に反対した議員でさえ、アンケート、パブコメなどの手段で住民意思を確認するという方向性を示していました）。また今回の議論を受けて、議会内に、原発再稼動について多様な面から検討する常任委員会を設置する必要もあります（原発の安全性のみでなく、避難計画、再生エネルギー時代における原発の必要性、地域経済の再構築、使用済み核燃料の累積と未来世代への責任など、多様な観点から議論が必要です）。その意味で、再稼動のハードルはこれまでより上がったのではないでしょうか。東海第二原発は首都圏唯一の原発であり、その動向は茨城県民のみならず首都圏住民全体に関わります。再稼動をめぐる動きを、今後も主権者の一人としてしっかりと監視していきたいと思います。

（『週刊読書人』二〇二〇年八月七日号、『読書人ウェブ』掲載記事に、議会議事録の公開後、加筆修正を施した）

5　県民投票条例案の否決理由を検証する

徳田太郎

本稿では、「東海第二発電所の再稼働の賛否を問う県民投票条例案」に反対の討論を行った茨城県議会各会派の主張を改めて検証する。六月一八日の連合審査会では公明党・県民フォーラム（国民民主党系）・いばらき自民党が反対の意見表明を行い、二三日の本会議では公明党を除く二会派が反対討論を行った。結論から言えば、最終的に本会議で示された否決理由の骨子は、「議論が重要である。条例案については、議論が必要であり、条例を制定することは妥当ではない」という奇妙な理論（県民フォーラム）と、「県民投票実施の期日を決する知事が、判断を議会に示していない」「地元意見を聞く方法は、国が法令で定めるべき」（いばらき自民党）という、二元的代表制や地方自治の本旨はいずこに、との感想を禁じ得ない主張のみである。

では、上記三点以外にはどのような主張がなされていたのか。連合審査会での意見表明を軸に、必要に応じてその前後の議論も参照しながら、論点ごとにコメントを付す形で紹介していきたい。

まずは、公明党の連合審査会における反対意見である。

○田村けい子委員（公明党）

公明党の田村けい子でございます。

まず、いばらき原発県民投票の会の皆様から提出された八万六七〇三筆もの署名簿の意義を重く受けとめております。

また、寒い中、署名活動に取り組まれた三五五五名の受任者の皆様方の御努力に、心から敬意を払うものであります。

東海第二原発再稼働の賛否を問う県民投票条例の制定について、県議会公明党を代表し、以下、四点にわたり意見を述べさせていただきます。

まず、一点目は、住民投票を行う際に最も重要な課題は、選択肢をどのように設定し、民意をいかに確実に捉えるかという問題です。

条例案第十一条において、投票方式として、投票用紙の賛成欄または反対欄にみずから丸の記号を記載して投票箱に入れるとしていますが、再稼働に対する県民の意見は多様であります。私たち県議会公明党は、東海第二原発の再稼働について、広く県民の意見を聞くべきと主張してきました。県民投票はそのための一つの方法であることは言うまでもありませんが、二者択一で多くの民意を吸い上げることができるかどうかについて、慎重に検討してまいりました。再稼働は反対、または、原発は嫌だが、代替エネルギーが確立するまでは稼働もやむを得ないという意見や、再稼働かどうかではなく、廃炉にすべき、よくわからないなど、多種多様な御意見を頂戴しております。原子力発電所の稼働という極めて重要で複雑な問題を二つの選択肢に絞り込んで、県民に二者択一、選択を求めることには慎重であるべきと考えます。


条例案第十一条で二択による投票を規定しているのは、東海第二発電所の再稼働に関する県の意思表示は、同意か、不同意かの二択以外にはあり得ないためである。「再稼働したり、しなかったり」とか、「運転を停止しつつ、再稼働する」などという選択肢はあり得ない。仮に本件が、原子力・エネルギー政策全般に関する住民投票であれば、廃炉の時期や新設の可否など、「時間軸」を考慮する必要があるかもしれないが、今回は県内の一つの発電所の再稼働が争点であり、その必要はない。また、「どちらでもない」などの選択肢も、結果が曖昧なものとなり、解釈に疑義が生じる懸念があるため、適当ではない。「再稼働は反対」→反対、「原発は嫌だが、代替エネルギーが確立するまでは稼働もやむを得ない」→賛成、「再稼働かどうかではなく、廃炉にすべき」→反対、「よくわからない」→白票とすればよいのであり、県民投票により集約した「傾向」と、他の手法により集約した「理由」とを組み合わせて、知事および県議会において最終判断すればよいだけである。

なお、参考人の古屋等・茨城大学人文社会科学部教授も、中村はやと委員（無所属）から「二択で県民に問うということに関して、どのような見解をお持ちなのか」と問われた際、「その他のどちらでもないという見解はもちろんあると思うのですけれども、もちろん、二択が一番ベストかなと思うのです」と回答しており、参考人との質疑を踏まえない内容となっている点も問題である。

また、仮に「二択ではどうしても正確な民意を得ることができない」というのであれば、その時には、可能な限り理に適った、そして具体的な政策形成につながるような選択肢を協議検討すべきであろう。

次に、第十五条の情報の周知・提供についてです。

県が主催した原子力規制庁による新規制基準適合性審査等の結果に係る住民説明会や安全対策に係る意見募集において、県民から安全性に対する懸念の声が数多く寄せられ、そのため県は、原子力安全対策委員会東海第二発電所安全性検討ワーキングチームにおいて安全性の検証を行い、安全対策により、どのような事故・災害にどの程度まで対応できるようになるかを県民に示すこととしています。現在、二二四の論点について検証を開始したところであり、これらの情報を県民に示していく予定となっています。

また、東海第二発電所からおおむね三〇キロ圏内の十四市町村が策定することになっている避難計画については、五市町が策定したものの、多くの課題を抱え、全ての市町村での策定にはまだまだ時間がかかると思われます。

さらに、感染症との複合災害への対応が必要とされる中、一人当たりの避難所の面積の拡大、自家用車で避難できない住民等の移動に要するバスや福祉車両の定員の見直しも必要となり、全面的な避難計画の見直しが必要となっています。

知事の意見書には、「安全性の検証と実効性ある避難計画の策定に取り組み、県民に情報提供したうえで、県民や、避難計画を策定する市町村、並びに県議会の意見を伺いながら判断していく」とあります。第十五条の第二項に「知事は、県民が賛否を判断するために必要な情報提供を行うものとする」とありますが、安全性の検証、避難計画の策定の双方とも終了しておらず、県民に対して、公平で必要な情報提供ができる状況にはないと考えています。

この理由は、四点めの「投票期日」に関する議論と矛盾している。仮に、安全性の検証と避難計画の策定が終了しなければ「賛否を判断するために必要な情報提供」ができないとするのであれば、投票期日を「条例の制定から何日以内」などの形で規定していない以上、それらが終了してから県民に情報提供を行い、投票を実施すればよいだけである。現時点で「公平で必要な情報提供ができる状況にはない」ことは、投票に先立つ情報の周知・提供について定めた条例案第十五条に基づく否決理由とはならない。

次に、投票率の問題です。

県民投票を実施するに当たり、約九億円の費用がかかると言われております。多額の費用をかけて実施したにもかかわらず、その正当性に疑問符がつけられるような事態は避けなければなりません。

その観点に立つと、さきに触れましたとおり、本条例案における選択肢は、賛成か反対かの二択であり、それ以外の考えを持つ人は選択肢がないと棄権する可能性が高く、投票率が低い水準にとどまることも十分に考えられます。

さらに、投票率五〇％を超えないと開票しないなどの開票条件も設けられていないことから、仮に投票率が低かった場合に、その結果の解釈をめぐって不信を招くことも懸念されます。

まず、わが国における法定された住民投票において、投票率に関する規定が設けられているものは存在しないことを認識する必要がある。憲法第九十五条で規定する地方自治特別法制定のための住民投票、第九十六条で規定する憲法改正のための国民投票、地方自治法で規定する議会の解散および議員・首長の解職のための住民投票、合併特例法で規定する合併協議会設置のための住民投票、特別区設置法で規定する特別区設置申請のための住民投票（いわゆる「都構想住民投票」）のいずれも、「過半数の賛成」を要件とするのみで、投票率に関する規定は存在しない（なお、上記はいずれも法定された住民投票であり、法的拘束力を有するにもかかわらず、投票率要件が存在しないことに注意が必要である）。

確かに、「低投票率の場合、結果的に有権者の少数派が決定を制する危険性がある」との議論は存在する。しかしこれは、投票率ではなく絶対得票率を可決要件とすることで回避可能である。実際に、本条例案では第十八条において、「有効投票総数の過半数の結果が、投票資格者総数の四分の一以上に達したときは、知事及び県議会は投票結果を尊重するものとする」として、絶対得票率を尊重義務の要件としている。これは、参考人質疑において二川英俊委員（県民フォーラム）に対して筆者が回答したように、投票率が五〇％を超えた場合に過半数となるのと同じ得票数（約六〇万七五〇〇票）以上が必要となることをもって、正当性を担保しているものである。そもそも、結果に拘束力がある住民投票であれば、「結果的に有権者の少数派が決定を制する危険性」を指摘することは可能だが、条例による住民投票は法的拘束力を有さない以上、投票率が低ければ尊重義務の程度も低くなると解すれば足りるであろう。

また、選びたい選択肢がないから棄権するという「疎外の棄権」論に言及しているが、これが住民投票に妥当するという実証研究は、管見の限り存在しない（塩沢（二〇〇八）は、「平成の大合併」時の住民投票において、二択の場合に投票率が伸び悩む傾向があったことを指摘しているが、その要因は選択肢だけにあるのではなく、「合併特例法の期限切れの残り一年以内」や「有権者数一万人未満」といった要因と重なった場合に、二択であることが投票率を引き下げていることを付言している）。逆に、投票率による成立条件を設けることは、一〇％以上投票率を引き下げる可能性があるとの実証研究が存在する（砂原（二〇一七））。これは、武田（二〇一七）を初め多くの論者が指摘しているように、投票率を要件とした場合、ボイコット運動が起こるのが通例であるためである。争点の賛否の議論が、投票の賛否の議論にすり替わることは、「県民の声を聞く」という県民投票の目的に照らして、まったく好ましいものではないだろう。

さらに、仮に「不成立」があり得るとして、尊重義務が生じないというのであれば理解可能だが（前述の通り、本条例案でもその意味での成立要件を設けている）、「開票しない」ことを論じているのは、まったくもって理解に苦しむ。まさに「多額の費用をかけて実施したにもかかわらず」その結果を県民に知らせないということになり、小平市の「東京都の小平都市計画道路三・二・八号府中所沢線計画について住民の意思を問う住民投票」における訴訟の事例が示すように、行政およびその情報公開のあり方に関してより強い「不信を招くこと」が懸念されるのではないだろうか。

それでもなお、投票率による成立条件を設けるべきと主張するのであれば、参考人の古屋等教授が他ならぬ田村委員からの質疑に対して明確に述べているように、「県議会のほうで修正の議案を出されればいい」だけである。

余談だが、二〇一七年八月二七日執行の茨城県知事選挙の投票率は四三・四八％、二〇一八年一二月九日執行の茨城県議会議員選挙の投票率は四一・八六％である。このような状況において、投票率により「正当性に疑問符」が付くとか、「投票率五〇％を超えないと開票しない」などと論じることは、あまり筋がよいとは思えないのだが、いかがだろうか。

次に、投票期日についてです。

第四条において、「県民投票の期日は、知事が再稼働の是非を判断するまでの期間において、知事が定める」とあります。再稼働の判断時期について、知事は、安全性の検証や実効性ある避難計画の策定と検証に取り組み、これらの情報を県民に提供し、しかるべき時期に県民の意見を伺った上で再稼働を判断してまいりますと言われております。投票期日がいつになるのか不明なままでいいのか疑問であります。

二点めの「情報の周知・提供」に関する議論と矛盾している。なお、静岡県・新潟県の事例においては、投票期日が「明記されている」ことから否決理由が導かれている（静岡県では「六月を超えない範囲での執行は非現実的である」、新潟県では「九十日の範囲内では、検証の結果やそれを踏まえた安全対策など、稼働の是非について県民が考えるための十分な情報を提供することができない」とされている）。この問題を回避するために、今回の条例案では期限を日数で区切ることをしなかったのであり、かつこのことは、筆者が本会議初日の意見陳述でも強調したように、本条例案の大きな特徴である。しかし、参考人の古屋等教授が提示した資料における「都道府県における住民投票条例の否決理由」には、この点が記載されておらず、結果として、これまでの事例では「条例制定から投票実施までの期間が短い」ことが争点であったことを隠す効果を発揮してしまった。「条例制定から投票実施までの期間にゆとりを持たせた」ことが、このように否決理由の一つとされたことを鑑みれば、これは非常に残念である。

以上、意見を申し述べましたが、私たち県議会・公明党は一貫して、東海第二原発の再稼働について、広く県民の意見を聞くべきと主張し、意見を聞く方法として、住民アンケートの実施を求めております。

再稼働の賛否については、有権者の是か非かだけではなく、未来ある十八歳未満の県民も含め、多くの県民から幅広い意見を聞く手法がベストと判断しております。

したがって、東海第二原発再稼働の賛否を問う県民投票条例には賛同はできません。

以上、県議会・公明党の意見を述べさせていただきました。

以上でございます。

住民アンケートが、二点めの「情報の周知・提供」および三点めの「正当性」において、県民投票に優位する根拠が示されていない。筆者はすでに、意見陳述において、各人が個別に質問に回答するだけのアンケート調査に対する「熟議を伴う県民投票プロセス」の優位性を論じ、かつ「県民投票を選択するということは、決してその他の手法を排除することではありません。複数の手法を組み合わせることによって、より練られた民意を得ることが可能となります」と述べている。アンケート「のみ」の実施を主張するのであれば、それに対する説得的な反論が必要であろう。

なお、「未来ある十八歳未満の県民」の包摂を真剣に考えるのであれば、投票資格者について定めた条例案第六条の修正を検討すればよいだけのことである。若年者や定住外国人への投票資格の付与は、請求代表者も歓迎するところである。

次に、県民フォーラムの連合審査会における反対意見である。

○二川英俊委員（県民フォーラム）

本審査会に付議された東海第二原子力発電所の再稼働の賛否を問う県民投票条例につきまして、会派・県民フォーラムを代表して意見を述べさせていただきます。

まずは、直接請求に当たり、さまざまな条件が課せられる中、条例制定を求める八万六〇〇〇筆を超える署名が提出されたこと、そのこと自体に重みを感じさせていただいております。

今回の条例案については、請求代表者の意見陳述では、再稼働の賛否を議会に問うものではなく、住民意見をどのように政策に反映すべきか、その手段としての住民投票の意義を求めているとのことであります。間接民主主義を補完する直接民主主義の県民意見を集約する手段の一つとして県民投票は考えられるものであり、その意義を否定するものではなく、一つの手法としてあり得るものであると考えます。

一方で、結果によっては民間企業の事業運営に著しい制限をかけることになり得ること、これに対する妥当性、地域性、地域経済、エネルギー政策や環境問題など、さまざまな案件を含む条例を制定することを議論する際に、個別案件として請求された本条例案を、再稼働の賛否と切り離して議論することは現実的ではなく、本質的な議論に至らないものであったと考えます。

「民間企業の事業運営に著しい制限をかけることになり得る」のは、県の同意権に由来するものであり、県民投票の実施と直接の因果関係はない。

しかしながら、求められている県民投票という政策決定に多大な影響をもたらす重要案件として考えられる場合の基本的な考え方や基本的ルールを定めることが必要であると同時に考えます。

直接請求は、地方自治法に定められるものとして法的に認められているものであり、県民投票条例の請求がなされたことについては、県民の総意とは言えないものの、県民の権利であると受けとめます。

しかしながら、現状では、県民投票の結果については、法的拘束力を持たず、議会や首長の判断に制限をかけるものではないものの、事実上の拘束力を持つものとして扱われるものであり、間接民主主義における議会と長の議論に大きな制限がかけられてしまう懸念があることは否めません。

諮問型の住民投票である以上、「議会と長の議論」に影響を与えることを企図するのは当然のことである。投票結果をどのように、またどの程度尊重するのかは、議会と長がそれぞれ判断すればよいことである。

また、住民投票を実施した際の結果については、その取り扱いや妥当性、成立の要件など細かく定義し、正当なものとして取り扱うことが必要であり、単なる意見を伺うだけのものではない性質を持つべきものと考えます。

法的拘束力のない現状で住民投票を実施する際には、その前段での議論が重要となり、長と議会の議論を進め、十分な議論がなされた後に、改めて県民の皆さんにお決めいただく。一つの事案に対し、長と議会の意見に相違があった場合や、議会の中で熟議を重ねた結果、判断がつかず、最終判断を県民の皆さんに問う形が理想的であり、この経過を踏まえた上であれば、住民投票基本条例的な上位の条例がなくても、住民投票における正当性、妥当性を一定程度は担保できるものと考えます。

そのために、長と議会は対等の立場で議論を行い、あらゆる手段を持ってお互いの主張をぶつけ、納得のいく結論を導くための議論を尽くす。そして、その議論の結果だけでなく、議論経過を県民に示し、県民側での意見交換や議論の場を提供していく。それが私たち議会に求められるものであり、その責任を果たすべきものであると考えます。

さしあたり、投票結果に法的拘束力相当の正当性・妥当性を求める議論は、政治的拘束力にさえ懸念を示す先の議論と大きく矛盾していることを指摘せざるを得ないだろう。その上で問題としたいのは、独自の法解釈と独自の論理に基づいて議論が展開されていることである。

まず、法的拘束力の有無と、投票に至るまでの過程での議論の重要性は無関係である。

次に、最終判断を仰ぐ形での住民投票が「理想的」とされているが、選挙時に争点が明確になっていないなど、代表制の枠内での議論が成熟しないからこそ住民投票が必要とされる事例が多いことを無視した議論である。また、選挙のように人を選ぶのではなく具体的な争点を直接的に問うこと、政党政治で扱いにくい問題を扱うこと、議論を活性化させることなどの住民投票の主要な機能は、「長と議会の意見に相違があった場合や、議会の中で熟議を重ねた結果、判断がつか」ないような場合でなくても、その意義を失うものではないだろう。

そして、「住民投票基本条例的な上位の条例」の有無と、住民投票の正当性・妥当性との間に因果関係が成立する理由が不明である。

次に、住民投票の正当性、妥当性を担保するのであれば、成立要件や結果の取り扱いなどについて定めることが重要だというふうに考えます。法的拘束力を持たせるために、基本条例的なものを定めるのか、個別案件の条例に対し、個別で定めていくのかという点についても議論をしなければなりません。

本条例案については、投票率に関して制限が設けられていないものの、その結果については、過半数が全有権者の四分の一であった場合に、結果を尊重しなければならないと規定しています。

この点については、絶対的投票数の考え方を基本に定めているものと考えますが、県民全てが正しい情報を公平に受け、熟議がされることを前提とするならば、投票率にこそこだわるべきで、投票結果に妥当性、正当性を持たせる指標になるものと考えます。

そして、投票率の既定値などに関しては、先ほど来、さまざまな話が出ているとおり、練られた議論が必要であり、現時点で本条例案について定められるものではないと考えます。

また、投票結果の取り扱いについても、本条例案で示されている内容について、投票結果が拮抗した場合、過半数を超えない結果についても、全有権者の四分の一を満たす状況が予想されます。すなわち投票結果が僅差であった場合の取り扱いやその結果の妥当性について、投票結果が判明した後の混乱を避けるためにも事前の議論が必要であり、そういった議論について議論がされないまま、拙速に本条例案を制定することは避けるべきと考えます。

参考人、および請求代表者との質疑を踏まえない議論である。

まず、基本条例を定めたとしても法的拘束力が生じるわけではない。憲法第九十四条は、「地方公共団体は（中略）法律の範囲内で条例を制定することができる」としており、地方自治法で付与された首長や議会の権限を拘束する条例を制定することはできない。法律と条例の関係について、他ならぬ二川委員からの質疑に対して、参考人の古屋等教授および筆者が繰り返し指摘していることである。

次いで、条例案第十八条で採用しているのは、「絶対的投票数」ではなく「絶対得票率」である。これも、二川委員からの質疑に対して、筆者が解説している点である。

また、「熟議がされること」と「投票率にこそこだわるべき」の因果関係が不明である。むしろ、投票率を要件とした場合、争点の賛否の議論が、投票の賛否の議論にすり替わる危険性を、（これまた二川委員からの質疑に対して）筆者が指摘済みである。そして、「投票結果が僅差であった場合」も、諮問型の住民投票である以上、その結果をもとに議会と長が判断すればよいだけのことである。

なお、絶対得票率に関する参考人質疑において、田村委員から条例案第十八条の判断・正当性を問われた際、参考人の古屋等教授は、以下のように発言している。

「最低得票率ということで、恐らく、得票がままならないのに、それに拘束されてはならないということで、そこで、ここに書いてある形で、投票資格者総数の四分の一ということで、これは恐らく最低得票率のところを勘案して、こういった形の四分の一ということが出ていると思うのです。得票率が低いにもかかわらず、半数だからということで、そういった意見には拘束力がないということで、憲法改正の国民投票等で、こういった最低得票率といった問題がちょっと入っておりますけれども、恐らく、その点を加味されて、こういった規定が入っていると思うのです」。「（正当性については）私は、その点はちょっと了解していないのですけれども、恐らく、ほかの法令等の規定等を参考にされて、四分の一という形で規定されていると思うのです。私は、その根拠ははかりかねるところがありますので、申しわけないのですけれども、答弁できないのですが」。

この回答には三つの誤認がある。まず、本条例案において採用しているのは、「最低得票率（投票総数÷総有権者数）」ではなく「絶対得票率（賛否いずれか多数の票数÷総有権者数）」である。また、「日本国憲法の改正手続に関する法律」には、絶対得票率（または最低投票率）に関する規定は存在しない。さらに、四分の一を基準とする条例は、沖縄県の「辺野古米軍基地建設のための埋立ての賛否を問う県民投票」において執行例がある。専門家として招致されているはずの参考人からこのような発言がなされたことは、非常に残念である。

これら以外にも、さまざまな議論が必要であり、拙速に条例を制定することは妥当ではなく、住民投票そのもののあるべき姿を議論することが必要であり、私、会派としても、議会の中で住民投票に関する議論を進め、より有意義な住民投票を実施するための方法を見出す活動を進める所存であります。

拙速に条例案を否決することも妥当ではない。議論をせずにおいて「議論がなされていないこと」を否決の理由とするのは、端的に議会の不作為を示すものである。仮に住民投票の正当性、妥当性を担保したい、条例案に法的効果をもたせたいというのであれば、たとえば投票結果に対する議会による是認議決（吉田（二〇一五））に関する条文を追加するなどの修正案を検討すればよいのではないだろうか。

したがいまして、以上を踏まえ、住民投票は、県民の意見を確認する手段の一つと考えられるものの、現段階では住民投票を制定する状況にないものと判断するとともに、継続審議という点についても、純粋に住民投票を議論する際には、個別案件で挙げられた本条例案を継続審議するべきものではないものとして、継続審議ではなく、本条例については否決するべきものと考えます。
また、現状で法的拘束力を持たない意見の確認方法として、大規模なアンケート等も手段の一つとしてあり得るものであり、さまざまな議論を行った上で、個別の事案にふさわしい手段を選択し、実施することを知事にも求めていきたいと考えます。

アンケートへの言及は、法的拘束力のない「住民投票を実施した際の結果については、その取り扱いや妥当性、成立の要件など細かく定義し、正当なものとして取り扱うことが必要であり、単なる意見を伺うだけのものではない性質を持つべきものと考えます」とした先の議論と大きく矛盾している。

最後に、本条例案が扱う東海第二原子力発電所の再稼働については、地方自治法による議会の議決権として認められているものではなく、厳密に言えば、議会の承認を必要としているものではありません。

しかしながら、二元代表制の一翼を担う議会、議員、そして一人の県民として、茨城県における諸課題について、真摯な議論、十分な議論を交わし、その責務を果たすための努力を惜しまないことを宣言するとともに、対等の立場として、知事に本件に関する議論の場を求めていく所存でございます。

また、今後は、茨城県におけるエネルギー政策、環境問題等の議論を進め、しかるべき時期に、それらを踏まえた原子力政策に関する議論の場を整備していくことが重要であり、その実施を求め、会派・県民フォーラムとしての意見とさせていただきます。

ありがとうございました。

以上が、連合審査会における県民フォーラムの反対意見である。

なお筆者は、これらの討論を受けて、「連合審査会における反対意見表明に対する指摘事項」を作成し、審査会三日後の六月二一日に「いばらき原発県民投票の会」のウェブサイトで公開した。指摘した問題点は、公明党、県民フォーラム、いばらき自民党からの意見のそれぞれにつき十三点ずつ、計三九箇所に及んだ。それを踏まえたのであろうか、六月二三日の本会議最終日で討論を行った県民フォーラム、いばらき自民党はいずれも、特に矛盾した言説や、説得力の乏しい議論に関して、修正や削除を行った内容となっている。たとえば県民フォーラムの本会議における討論からは、「基本条例が必要」論、「投票率にこそこだわるべき」論は削除されている。以下に見てみよう。

○齋藤英彰議員（県民フォーラム）

県民フォーラムの齋藤英彰であります。

第一〇二号議案東海第二発電所の再稼働の賛否を問う県民投票条例の制定につきまして、県民フォーラムを代表し、反対の立場から討論を行います。

このたび、条例制定を求める八万六〇〇〇筆を超える署名が提出されたことに対し、その重みを感じております。署名をされた皆様、請求者の皆様の御努力がいかほどであったかと御推察をいたします。

我が会派においては、議員一人一人が真剣にこの問題に向き合い、連日議論を重ねてまいりました。

今回の条例案では、住民意見をどのように政策に反映すべきかという点において、県民投票は一つの手法としてあり得るものであると考えます。

一方で、本条例案は、結果によっては、民間企業の事業運営に著しい制限をかけることになり得ることへの妥当性、地域経済への影響、エネルギー政策や環境問題等、さまざまな案件を含むものであります。

県民投票に限らず、事案を決定する際には、その前段での議論が重要であります。長と議会が対等の立場で議論を行い、あらゆる手段をもってお互いの主張をぶつけ、納得のいく結論を導くための議論を尽くすこと、そして、その議論の結果だけではなく、議論の経過を県民に情報提供し、県民側での意見交換や議論の場を提供していくことが私たち議会に求められております。

本条例案についても、二元代表制の一翼を担う議会として、前段での議論を進めることが重要であると考えます。

県民投票は、その結果について、法的拘束力を持たず、議会や首長の判断に制限をかけるものではないものの、事実上の拘束力を持つものとして、間接民主主義における議会と長の議論に大きな制限がかけられてしまう懸念があります。

また、条例案については、投票率の考え方や、投票結果の取り扱い、その妥当性、そのほかにも、安全性等の十分な情報を得た上での議論が必要であり、先んじて条例を制定することは妥当ではないと考えます。

なお、現状で法的拘束力を持たない意見の確認方法として、大規模なアンケート等も手段の一つとしてあり得るものであり、さまざまな議論を行った上で、個別の事情にふさわしい手段を選択し、実施することを知事に求めていきたいと考えます。

以上をもちまして、第一〇二号議案に対する反対討論として、会派を代表して申し上げます。

御清聴ありがとうございました。

さて、残るは、いばらき自民党である。まずは、連合審査会において論じられたものの、意見表明時には言及されなかった「協議がなされていない」論、「一票の格差」論を見てみよう。これらはまず、参考人の山田修・東海村長への質疑の中で提起された。

○長谷川重幸委員（いばらき自民党）

地方自治法第二百四十五条に普通地方公共団体に対する国または都道府県の関与の項目があります。その第二項では普通地方公共団体との協議と明記されております。これの意図するところは、県は、基礎自治体の自主性、自立性に配慮しなければならないというふうに解釈されると思います。

私たち自民党会派は、自民党の発議条例として、今まで幾つかの条例を成立させていただいておりますけれども、その際には、成立する前に、事前に市町村長会議の了解をもらって、基礎自治体の自主性、自立性を損なわないプロセスを経て発議をしてまいりました。

今回の県民投票条例案について、基礎自治体の関係市町村の有権者数と茨城県全体の有権者数では、当然ながら、茨城県全体の有権者のほうが多くなります。仮に県民投票が行われる場合、基礎自治体の有権者数が相対的に少なくなり、この投票が格差となり、基礎自治体の住民意思を毀損することにならないか、問題だと考えております。

そこで質問ですが、基礎自治体として、基礎自治体の一票の重みが毀損されると思われること、また、協議されずに、自主性、自立性が配慮されないこと、こうした点は、村長として、山田様はどのようにお考えになられますか。

まず、地方自治法の解釈が根本的に誤っていることを指摘しなければならない。地方自治法では、第二百四十五条から第二百五十条において、「普通地方公共団体に対する国又は都道府県の関与等」について定めている。そして第二百四十五条では、普通地方公共団体の事務の処理に関する国や都道府県の関与の類型を示し、第二号（第二項は誤り）で「普通地方公共団体との協議」を挙げている。そして、同条の三で、「関与の基本原則」として、「目的を達成するために必要な最小限度のものとする」こと、「普通地方公共団体の自主性及び自立性に配慮しなければならない」ことを定めている。また、同条の三第三項では、同条第二号に定める「協議」は、特定の場合を除き「要することとすることのないようにしなければならない」としている。つまり、長谷川委員の「協議されないこと＝自主性、自立性が配慮されないこと」との解釈は誤りであり、むしろ地方自治法では、普通地方公共団体の自主性、自立性を保障するために、協議などの関与を「最小限度にとどめること」を要請しているのである。

そして、県民投票により「基礎自治体の住民意思を毀損する」との立論も理解しがたい。東海第二発電所の再稼働には、立地自治体である茨城県と東海村、および周辺五市に「実質的な事前了解権」があるとされている。よって、たとえば東海村の住民は、県民投票にあたっては、「茨城県の同意／不同意」

に対し、「茨城県の住民」の一人として投票を行うことになる。「東海村の同意／不同意」に対する「東海村の住民」としての意思表示は、別途機会を設ければよいだけである。現に山田村長も、「当然、立地の自治体として、私は私として、住民に対して、いろいろな意見を求めたりして、私自身の判断も必要になってきますので、住民の意見を反映した意思表明というのはきちんとできますので、それについて、私のほうで何か特段気にしているということはありません」と回答している。

そして、同様の論点は、請求代表者に対しても提起された。

○石井邦一委員（いばらき自民党）

我々いばらき自民党は、条例を数多く制定してまいりました。その過程、プロセスの中においては、市町村自治体の意見もしっかりと反映できるように我々は取り組んでおります。決してないがしろにしていないということであります。

今回のこの条例制定に向けては、各基礎自治体との協議が行われているのか。これは一票の格差というものもあります。東海村の有権者、そして茨城県全体の有権者がこれを考えたときに、どのように考えるかという問題にもつながってきます。地方自治法第二百四十五条第二項には、地方公共団体との協議というものがうたわれております。そのような中で、一票の格差というものをどのように重んずるのか、そして、基礎自治体との協議は行われたかどうか、これをお聞かせください。

地方自治法第二百四十五条第二号（第二項は誤り）が規定する「普通地方公共団体との協議」を行うのは、あくまでも「国又は都道府県」である（都道府県とは、具体的には知事、委員会等の執行機関である）。なぜ、県に対し条例制定の直接請求を行っている住民が、市町村と「協議」を行ったか否かを問われるのであろうか。当然のことながら、筆者は「協議は当然しておりません」と応じている。

「一票の格差」という語が、きわめて特殊な意味で用いられていることも指摘せざるを得ない。一票の格差とは、「議員一人あたりの有権者数」が最多の選挙区と最少の選挙区との比率を指す語である（たとえば、二〇一八年一二月執行の茨城県議会議員選挙では一・九三倍）。「東海村の有権者数」と「茨城県全体の有権者数」を持ち出し、その「一票の格差というものをどのように重んずるのか」と問われても、答えようがない。繰り返しになるが、「茨城県の意思表示」以外に、別途「東海村（および周辺五市）の意思表示」がある。そして今回の条例では、「茨城県の意思表示」への住民意思の反映を争点としているのだ。筆者は、「県民投票を実施するということは、仮にですが、東海村であるとか、水戸市であるとか、基礎自治体で住民投票を行うものを排除したものではございません。それぞれの自治体において、同じように直接投票をしたいということで、それぞれの市町村の方が直接請求をされて、住民投票を実施するというのも一つの方法であるというふうに考えます。まずは、県民が全て等しく投票できる機会は、一票の格差以前に、全員に平等に、しかも公平に、包摂的に権利が与えられるものであるということで、私たちは県民投票を推進しているものでございます」と応じたが、他にどのような応答ができるだろうか。

それでは、連合審査会におけるいばらき自民党の反対意見を見てみよう。

○白田信夫委員（いばらき自民党）

いばらき自民党の白田信夫でございます。

会派を代表いたしまして、本日の連合審査会の審議を厚く踏まえまして、第一〇二号議案東海第二発電所の再稼働の賛否を問う県民投票条例の制定について、意見を申し上げます。

まずは、二ヵ月という短時間で多くの署名を集めた請求者、そして受任者の方々、また、その趣旨に賛同し、署名をされた九万人近い県民の皆様の行動と熱意に対して、心から敬意を表するものであります。

その上で、本条例案に対して、大きく二つの点について論じます。

一つは、県民投票の期日が明示されていない。このことの是非についてであります。

条例の制定・改廃請求は、地方自治法第十二条に制定された住民の権利であります。住民投票は、地域の重大な課題に対し、直接住民が賛否を表明できる機会です。直接請求制度は、四年に一度、選挙する代議制を補完するものと言えます。すなわち、次の選挙では判断を持てない緊急的かつ重要な事項に対して住民意思を問うのが、直接請求に基づく住民投票の正しい理解であると考えます。

まず、「直接請求」と「住民投票」の概念間の混乱が見られる。そして、代議制の補完に関し一方的に「正しい理解」を定義しているが、選挙と選挙の間に生じる「緊急的」な事項を問うことは、あくまでも一つの機能に過ぎない。筆者が意見陳述でも指摘した通り、選挙のように人を選ぶのではなく具体的な争点を直接的に問うこと、政党政治で扱いにくい問題を扱うこと、議論を活性化させることも、代議制の補完に関する住民投票の機能である。

今回の条例案のテーマである東海第二発電所の再稼働の賛否を問う時期は、知事の意見書並びにこれまでの発言を踏まえれば、安全性の検証と実効性ある避難計画の策定、そして県民への情報提供といった条件が整わない限り判断されないものと推察されます。これは、少なくとも安全対策工事が完了する二〇二二年年度末以降まで、条例案の根幹である県民の投票は実施されないことを意味します。現在の議員の任期中に県民投票は行われないのです。すなわち、本来、代議制を担保する直接請求制度が、間接民主制度たる選挙で選ばれた次の任期の議会の判断を縛ることになります。

一般質問および連合審査会において知事に確認すべき事項を「推察」で語り、かつそれを理由とするのは、端的に議会の不作為である。そして、「代議制を担保する直接請求制度」とは一体どういう意味だろうか（直接請求がなければ代議制は担保されないのだろうか）。仮に「代議制を補完する直接請求制度」であると解釈してもなお、理解しがたい主張である。わが国において、議会構成が変わるごとに条例がすべて改正されるという法が存在しない以上、「現在の議員の任期中に」制定した条例が「次の任期の議会」に効果を及ぼすのは当然のことだろう。また、投票結果に法的拘束力がない以上、「判断を縛る」とするのは過大評価である。投票結果をどのように、またどの程度尊重するのかは、その時の議会と長がそれぞれ判断すればよいことである。

また、三つの条件が整わない時点と整った時点では、安全性など、県民に提供される情報の質も、そして量も大きく異なり、二者選択の県民投票でよいのか、民意をはかる方法の判断も変わってくるものと考えられます。

したがって、知事が慎重にとした意見を踏まえれば、三つの条件が整った上で、県民や、避難計画を策定する市町村並びに県議会の意見を聞くのが適切なタイミングであり、何をいつ聞くか、これが未定であるのに、県民の意見を聞く方法だけを先んじて決めることは妥当ではないと考えます。

仮に、「安全性の検証」「実効性ある避難計画の策定」「県民への情報提供」の三つの条件が整うことが、県民投票を実施する前提事項になり得たとしても、投票期日を「条例の制定から何日以内」などの形で規定していない以上、条例の制定を否定する理由にはならない。「何を」聞くかは未定ではなく、東海第二発電所の再稼働の賛否であることは明確である。本条例案は、「適切なタイミング」を実現するために「いつ聞くか」を未定にしており、これはむしろ本主張の趣旨に適うものである。

また、仮に条例が成立した場合でも、全ての県民が正しい情報を得て、正しい判断を導くことを県が担保するのは大変困難であるものと考えます。有象無象の本質的とは言えない情報に投票行動が影響されることも考えられます。

また、複雑なテーマに対しまして、マル・バツという二者択一で投票者の望む意思をあらわすことも困難であると考えます。

何が「正しい判断」であるかは自明ではない。「正しい判断を導くことを担保すること」を意思決定の条件とするのであれば、それは長にも議会にも不可能である。

そして繰り返しになるが、東海第二発電所の再稼働の賛否に関する県の意思表示は、同意か、不同意かの二択以外にはあり得ない。県民投票により集約した「傾向」と、他の手法により集約した「理由」とを組み合わせて、知事および県議会において最終判断すればよいだけである。仮に「二択ではどうしても正確な民意を得ることができない」というのであれば、理に適った、かつ具体的な政策形成につながるような選択肢を協議検討すればよいのではないだろうか。

もう一つは、エネルギー政策に関する問題です。

国は、エネルギー基本計画の中で、原子力を重要なベースロード電源としており、不断の安全性向上と再稼働を主な方針の一つとしております。

一方、国は、安全基準クリア後、再稼働に至る手続を明確にしておらず、地元同意の法的な位置づけは定められておりません。原子力による地元産業、学術研究等への影響や事故の際の直接的な被害を鑑みれば、国の決定に対して、地元の意見が法的な手続により反映されるべきであると思います。

エネルギー政策に基づき法令を整備し、発電所の技術開発から安全基準、設置に至るまで国が大きく関与しております。であれば、最終段階の稼働するか否かは、各自治体の個別の条例に依拠するものではなく、法令の中にしっかり位置づけることが望ましいと考えます。

再稼働に関する「地元同意の法的な位置づけ」は、本条例案とは別の論点である。「法令の中にしっかり位置づけることが望ましいと考え」るのであれば、議会として別途、地方自治法第九十九条の規定による意見書を検討すればよいのであって、ここで議論すべき問題ではない。いずれにせよ、「稼働するか否か」が本条例（またはそれに基づく投票）に「依拠」するかのような表現は、理解しがたい。仮に「稼働するか否かの判断」の誤りであると解釈しても、本条例（またはそれに基づく投票）の効果は「諮問」にとどまるものであり、「決定」や「判断」そのものではない。条例案の根幹への理解が問われる箇所である。

また、一方で、日本の原子力発電については、その開始当初から民営で行われてきました。民間企業が法律にのっとり整備してきたものに対して、事業主体者ではない議会がその行く末を決定することの矛盾や賠償等の法律上の懸念もあります。

エネルギー政策に対する責任の所在、県の法的に不安定な位置づけを考えたときに、本条例案は適当でないと、私どもいばらき自民党は考えるわけであります。

したがって、この案件に対して、我がいばらき自民党は反対であります。

「議会がその行く末を決定する」の意味が不明である。繰り返しになるが、県民投票に関する条例案を制定することと、議会が再稼働に関して何らかの判断をすることとの間に、直接の因果関係はない。

また、民間企業と自治体とが結ぶ協定において、自治体に同意権が与えられており、その協定に基づいて不同意を表明した場合に、賠償請求がなされる可能性について、根拠が示されていない。そのような可能性があるとすれば、それは県民投票の是非以前の、自治体の同意権の根幹に関する問題である。そして、仮に賠償請求がなされるとしても、それは「不同意の表明」による効果であり、県民投票実施の効果でも、条例制定の効果でもない。

しかし、今回、多くの県民から、県政や東海第二発電所に対する意思表示の機会を望んでいることが示されたことは重く受けとめます。我々も県民の意思を正しく酌み取るために行動をとっていきたいと思います。

今後、知事から提出されるであろう安全性等の適切な情報と県民の皆様の声に耳を傾けまして、熟慮を重ねた上で、最良の手段を検討し、議会の中でも、より活発に議論を進めてまいる所存でございます。

今回提示された県民の強い意思を肝に銘じて、会派を代表しての討論といたします。

終わります。

以上が、連合審査会におけるいばらき自民党の反対意見である。

そして、先に述べたように、いばらき自民党も本会議最終日に討論を行ったが、県民フォーラムと同様、特に矛盾した言説や、説得力の乏しい議論に関して、修正や削除を行った内容となっている。以下に見てみよう。

○飯塚秋男議員（いばらき自民党）

いばらき自民党の飯塚秋男です。

初めに、第一〇二号議案東海第二発電所の再稼働の賛否を問う県民投票条例の制定について、会派を代表して、反対の立場から討論いたします。

まずは、請求者、受任者の方々、また、その趣旨に賛同し、署名された九万人近い県民の皆様の行動と熱意に対して、改めて敬意を表するところであります。

その上で、本条例案に対し、大きく二つの点について論じます。

一つは、県民投票の期日が明示されていないことの是非についてです。

本条例案では、東海第二発電所の再稼働の賛否を問う時期は知事が判断するものとしております。一方、知事の意見書並びにこれまでの発言や今定例会での答弁を踏まえれば、安全性の検証と実効性ある避難計画の策定、県民への情報提供といった条件が整わない限り、知事は時期を判断しないものと推察します。これは、少なくとも、安全対策工事が完了する二〇二二年末以降まで、条例案の根幹である県民投票は実施されないことを意味します。

連合審査会における請求代表者の発言によると、条例が成立すれば、遠からず県民投票が実施されるものと信じ、署名された方もいるものと思われます。

県民投票の期日が明示されず、実施時期が判別しないことは、間接民主制を補完する制度の趣旨を鑑みて、議会としても困惑し、署名された方々の思いにも反するものであると考えます。

同様の意味で、継続審議にすることは、速やかな県民投票の実施を願い、署名された方々の声に沿うか疑問です。

また、再稼働に同意するか不同意するかは、他県の例などを踏まえれば、最終的には、県民でも議会でもなく、それらの意見を参酌した知事が決することであります。

知事は、本条例案に対し、慎重にと意見を付した上、今定例会の議論を通じ、三つの条件がそろわない限り判断しないとの考えを改めて示しました。条件がそろわない時点とそろった時点とでは、安全性など県民に提供される情報の質も量も大きく異なります。状況が変われば、県民投票でよいのか、別の方法が適当なのか、民意をはかる最良の方法も変わってくるものと考えます。

三つの条件がそろわず、知事がどのような情報を、いつ、どのように提供し、いつ聞くかを県民並びに議会に示さない状況下では、本条例案により県民の意見を聞く方法だけを先んじて決めることは妥当ではないと考えます。

また、連合審査会での議論を踏まえても、複雑なテーマであるほど、いかに真摯に議論したとしても、二者択一により、即時に結果が出てしまうことは、県民の間に大きなしこりを残す懸念があると改めて実感したところです。

もう一つは、エネルギー政策に関する問題です。

国は、エネルギー基本計画の中で、原子力に関し、不断の安全性向上と再稼働を主な方針としています。一方、国は、安全基準クリア後、再稼働に至る上で最も重要な地元同意の法的な位置づけを明確にしておりません。原子力による地元産業等への影響や、事故の際の直接的な被害を鑑みれば、本来、地元の意見が法的な手続により反映されるべきであります。エネルギー政策に基づき、国が安全基準、設置に至るまで大きく関与する中で、稼働するか否かの地元意見を聞く方法を、自治体によって手続に差が生じる個別条例に依拠するのではなく、法令の中にしっかりと位置づけることが望ましいと考えます。

また、民間企業が運営する原子力発電に対して、自治体がその行く末を決定することの矛盾や、賠償等の法律上の懸念も指摘されており、県の法的に不安定な位置づけを考えると、本条例案が適当とは判断できません。

しかし、今回、多くの県民から、東海第二発電所に関し、意思表示の機会を望んでいることが示されたことは大変重く受けとめております。

我々としましても、安全性等の情報提供を知事に求めつつ、県民の皆様の声に耳を傾け、熟慮を重ねた上で、練られた民意を得るための最良の手段について、議会の中で、より活発に議論している所存であります。

要約すれば、一点めは知事に、二点めは国に帰責する議論であろう。そして、さすがに「次の任期の議会の判断を縛る」論は削除されている。また、「最終段階の稼働するか否かは、各自治体の個別の条例に依拠するものではなく、法令の中にしっかり位置づけることが望ましいと考えます」は、「稼働するか否かの地元意見を聞く方法を、自治体によって手続に差が生じる個別条例に依拠するのではなく、法令の中にしっかりと位置づけることが望ましいと考えます」に改められている。

一方で、新たに二つの小さな論点が追加されている。一つは、「署名者は県民投票の期日を十全に認知していたのか疑問である」という点である。

これは、連合審査会における、常井洋治委員（いばらき自民党）からの「多くの署名を集められたわけですけれども、全ての署名者が、いつ投票が行われるのか、知事の判断次第で何年も先になることを理解して署名されたというふうに理解してよろしいのでしょうか」との質疑に対して、筆者が「全ての署名者が、その期日のことについて、完全に認識が一致していたというふうに申し上げることはできないと思います。署名収集活動においては、伝えるべきポイントが多数ございます。その中で、いや、この条例案が制定されたら、すぐに投票できるわけではないということまできちんと御説明ができて、それが完全に周知徹底されていたというふうに申し上げることはできないと考えております」と応じたことに基づく議論である。ほとんど言いがかりに近い質疑であるが、こうして「遠からず県民投票が実施されるものと信じ、署名された方々の思いにも反する」「速やかな県民投票の実施を願い、署名された方々の声に沿うか疑問」などとして、否決理由に大々的に利用しているところを見ると、よほどまっとうな理由が見つけられずに困っていたものと思われる。

　もう一つは、「連合審査会での議論を踏まえても、複雑なテーマであるほど、いかに真摯に議論したとしても、二者択一により、即時に結果が出てしまうことは、県民の間に大きなしこりを残す懸念があると改めて実感したところです」という箇所である。これは、六月二〇日の予算特別委員会における、下路健次郎委員（いばらき自民党）の発言が元になっている。該当箇所を見てみよう。

○下路健次郎委員（いばらき自民党）

　今回の条例案を連合審査会で審査するに当たり、委員会所属の議員はもちろんのこと、それ以外の議員全てが審議会までに十分な議論をし、しっかりと自身の考え、会派の考えを持って審議に臨みました。誰もが緊張感を持って審査し、議論をいたしました。議論が低調だという声があったようでございますが、このことには、正直、私は怒りを覚えております。

　そして、請求者が二者択一という方法論を主張しているにもかかわらず、そして、それ以上に、そこに至る議論が大切だと主張しているにもかかわらず、条例案制定に必要な議会での議決、審議会での審査においてしっかりと議論された上で採択をされた二者択一の結果を否定するという、こういった矛盾、まして、一番大切にされるべき議論の過程を、請求代表者である徳田氏はレベルの低い議論と切り捨てました。非常に残念な話ではありますが、二者択一において、出された答えを受け入れるということはそれほどに難しいものでありまして、出された答えの前に議論された内容は忘れられるものであるのだなと実感をしております。

下路委員が「怒りを覚えた」とする「議論が低調だという声」は、六月一六日の記者発表時における筆者の発言である。記者発表において筆者は、「一般質問への所感」として、以下のように述べた。

「本会議の一般質問においては、九名の議員のうち、一名しか条例案に関する質問を行いませんでした（他に一名から関連質問あり）。たとえば宮城県議会の本会議では、二十名中十名が条例案に関する質問を行っており、その差は歴然です。このように議論が低調なまま、一八日に連合審査会を迎えるわけですが、一部報道では、「県議会のほぼ七割の議席を有するいばらき自民党は一八日朝に態度を決める見通し」とされています（六月一三日付「毎日新聞」）。委員会審議、つまり執行部からの説明聴取と質疑、参考人からの意見聴取と質疑に先立って「態度を決める」という転倒が生じるのは、「審議」と「討論・採決」が連続して行われるという審議スケジュールによる「バグ」であるといえるでしょう。たとえば東京都・静岡県・新潟県の各議会では、いずれも委員会審議に複数日程を確保することで、このような状況が生じることを防いでいます。連合審査会に関しては、①県の意思決定に関する議案であるにもかかわらず、国の機関（資源エネルギー庁および原子力規制庁）から参考人が招致されていること、また、②それぞれ「日本のエネルギーの現状と今後の方向性について」「新規制基準適合性審査の結果等について」と、本条例案とは無関係の意見が聴取されること、の二点につき、すでに問題を指摘しておりましたが、この審議スケジュールについても、大きな問題であることを指摘したいと思います」。

また、「請求代表者である徳田氏はレベルの低い議論と切り捨てました」とは、六月一八日の委員会採決後の囲み取材における筆者の発言を踏まえたものである。確かに筆者は、「このレベルの議論で本当に採決するのかというくらい、レベルの低い議論で、怒りを禁じえない」との趣旨の発言をしている。

ここで注意していただきたいのは、否決されたから、つまり自らの意見と異なっているから「レベルが低い」と述べたわけではないということだ。これまでに縷々指摘している通り、知識の欠如や事実誤認、論理矛盾や根拠なき主張がまかり通っていることを指して「レベルが低い」と評したのである。「議論が大切だと主張している〈にもかかわらず〉」ではなく、「議論が大切だと主張している〈からこそ〉」、理に適った議論が行われていないことを問題視したのだ。

しかし、改めて振り返った今、私は自身の誤りを認めざるを得ない。議論とは、あらかじめ結論ありきで「相手の主張を退けるための」理由を探す行為ではなく、主張の妥当性を検証しあい、「双方が受容可能な」理由を探る行為であるはずだ。すなわち、そこで問うべきは、「レベル」ではなかったのだ。

参考文献

・塩沢健一（二〇〇八）「住民投票における選択肢の設定と投票参加――「平成の大合併」をめぐる一連の事例から」『計画行政』第三一巻第一号、七九 - 八八頁。

・砂原庸介（二〇一七）「住民投票の比較分析――「拒否権」を通じた行政統制の可能性」『公共選択』第六八号、六六 - 八四頁。

・武田真一郎（二〇一七）「日本の住民投票制度の現状と課題について」『行政法研究』第二一号、一 - 四八頁。

・吉田勉（二〇一五）「地方自治の意思決定の充実を図る住民投票制度のあり方の考察――議会による「是認議決」の提案」『コミュニティ振興研究――常磐大学コミュニティ振興学部紀要』第二〇号、五三 - 九三頁。

おわりに

本ブックレットで検証を試みた茨城県議会六月定例会から四ヵ月が経過した一〇月二九日、県議会有志により「原子力政策研究会」が発足した。各種報道によれば、六月定例会での県民投票条例を審議する中で挙がった「原子力問題について超党派で議論できる場を設けるべきだ」との意見を踏まえての発足だという。

海野透・下路健次郎の両県議（いずれもいばらき自民党）らが準備を進め、いばらき自民党（四二名）、県民フォーラム（五名）、公明党（四名）、および無所属（三名）の議員に入会を呼びかけたという。問題は、この「呼びかけ」の対象者が、県民投票条例案に反対した議員に限られているということだ。賛成した日本共産党（二名）、立憲民主党（一名）、無所属（二名）には、声をかけなかったとのことである。

しかし、そもそも六月定例会において、明示的に「超党派」による議論を求めたのは、無所属の中村はやと県議、日本共産党の江尻加那県議の二名である。前者は、少数意見の留保として「この機会に茨城県議会内での原子力発電所に対する議論の活性化、ひいては勉強会や検討会を超党派で行っていくべきであります」と述べ、後者は討論において、「判断が大きく分かれるテーマだからこそ、超党派での勉強会や論議を重ね、責任ある判断を下さなければなりません」と述べている。しかし今回、両名は呼びかけの対象外となっている。

報道によれば、「声をかけなかった」理由として、海野県議は「原子力そのものに否定的だから」と説明したという。一般論としては、原子力政策に賛成の立場であろうと、反対の立場であろうと、任意の研究会を立ち上げることには何の問題もない。単に「自由にやってくれ」という話である。しかしながら、議会における「超党派での勉強会を」との呼びかけに応じる形で、かつ、その呼びかけを行った者を排除する形で、このような〈超党派〉の研究会を発足するとは、いったいどういうことだろうか。

　筆者は、六月定例会初日の意見陳述(本ブックレットに所収)において、八万六七〇三名の茨城県条例制定請求者を代表して、「党派に偏ることなく、徹底した議論により知恵を集め」ることを求めた。呼びかけ人らは、当該研究会の発足がこのような県民の願いに対する「回答」となり得ると考えたのだろうか。あるいは、それを別の目的への「口実」として利用したのだろうか。いずれにせよ、非常に残念なことである。

　しばしば誤解されるのだが、筆者は議会否定論者でもないし、直接投票信奉者でもない。議会には固有の機能があるし、また、何でもかんでも投票にかければよいというわけではない。問題は、その出自においてデモクラシーとは無関係であったはずの議会が、他の様々な制度や実践を退けて「議会こそがデモクラシーである」と僭称していること、そして、まさに本ブックレットにおいて検証してきたように、他ならぬ議会がその振る舞いにおいて議会の地位を貶め、デモクラシーそのものへの不信を招いていることである。

　熟議の場は議会に限られず(例・市民社会での熟議)、議会の構成者は代表に限られず(例・地方自治法第九十四条の町村総会)、代表は選挙された者に限られず(例・世界的に勃興しつつある抽選院や市民議会)、投票は人を選ぶ選挙に限られない(例・直接投票)。さまざまな制度や実践を、排他的にではなく相補的に捉え、適切に混合すること――特に今回は、署名収集から投票の瞬間に至るまでのプロセスをより熟議的なものにする〈熟議投票〉プロセスを実現すること――により、デモクラシーのヴァージョンアップを図る。それが、今回の茨城での運動における、一つの側面であったのだ。

　「すべての花を刈ることはできても、春が来るのは止められない」。六月定例会の最終日、県民投票条例の否決を受けての記者発表において、筆者はパブロ・ネルーダの詩の一節を引用した。確かに今回、県民一人ひとりが考え、話しあい、自分自身の選択を一票として投じる機会を設けることはできなかった。しかし、五〇年後、あるいは一〇〇年後、〈熟議投票〉という政策決定プロセスは、当たり前のものとなっているはずである。

私たちの活動は、他の地域での取り組みからバトンを受け継いで、「デモクラシーのヴァージョンアップ」への一歩を前進させるものであった。バトンは払い落とされてしまったが、消えてなくなったわけではない。私たちがそうであったように、目の前に落ちているバトンを拾い上げて歩みだす人が、必ず現れるだろう。歩幅は小さくても、確実に前に向かって進んでいるのだ。

二〇二〇年一一月一五日　徳田太郎

編者略歴

佐藤嘉幸（さとう よしゆき）

1971年京都府生まれ。筑波大学人文社会系准教授。パリ第10大学博士（哲学）。フランス現代思想、社会哲学を専攻し、「権力と抵抗」をテーマとして現代社会の課題に哲学者として切り込んできた。福島第一原発事故以後は、原発問題について積極的に発言している。著書に『脱原発の哲学』（田口卓臣との共著、人文書院）、『『脱原発の哲学』を読む』（田口卓臣・小出裕章らとの共著、読書人）、『『脱原発の哲学』は語る』（田口卓臣・前田朗・村田弘との共著、読書人）、『権力と抵抗――フーコー・ドゥルーズ・デリダ・アルチュセール』、『新自由主義と権力――フーコーから現在性の哲学へ』（ともに人文書院）、『三つの革命――ドゥルーズ=ガタリの政治哲学』（廣瀬純との共著、講談社選書メチエ）など。

徳田太郎（とくだ たろう）

1972年茨城県生まれ。ファシリテーター、元いばらき原発県民投票の会共同代表。現在、NPO法人日本ファシリテーション協会フェロー、市民シンクタンク「VOICE and VOTE」代表。法政大学大学院公共政策研究科修了。修士（公共政策学）。2003年にファシリテーターとして独立後、全国各地の地域づくりや福祉活動などの支援・促進を続ける。著書に『ソーシャル・ファシリテーション――「ともに社会をつくる関係」を育む技法』（鈴木まり子との共著、北樹出版、2021年）、論文に「対話と熟議を育む」（石井大一朗・霜浦森平編著『はじめての地域づくり実践講座』北樹出版、2018年）、「東海第二原発と県民投票――潰された条例、残る希望」（『世界』2020年11月号、岩波書店）など。

いばらき原発県民投票
——議会審議を検証する

読書人ブックレット02

2021年2月17日　初版第1刷発行
編者　佐藤嘉幸、徳田太郎

発行者　明石健五
発行所　株式会社 読書人
〒101-0051 東京都千代田区神田神保町1-3-5 冨山房ビル6階
Tel : 03-5244-5975　Fax : 03-5244-5976　E-mail : info@dokushojin.co.jp
https://dokushojin.com/

表紙デザイン　坂野仁美
印刷・製本所　モリモト印刷株式会社

ISBN : 978-4-924671-47-8